碳达峰碳中和下

中国低碳电力行动与展望

——中国电力减排研究 **2021**

王志轩　张建宇　潘　荔　等/编著

U0251621

中国环境出版集团·北京

图书在版编目（CIP）数据

中国电力减排研究. 2021 : 碳达峰碳中和下中国低
碳电力行动与展望 / 王志轩等编著. -- 北京 : 中国环
境出版集团, 2022.4
　ISBN 978-7-5111-5085-1

Ⅰ. ①中… Ⅱ. ①王… Ⅲ. ①电力工业－节能－研究
－中国－2021②电力工业－排烟污染控制－研究－中国－
2021 Ⅳ. ①TM62

中国版本图书馆CIP数据核字(2022)第040046号

出 版 人	武德凯
责任编辑	黄　颖
责任校对	任　丽
装帧设计	宋　瑞

出版发行　**中国环境出版集团**
　　　　　（100062　北京市东城区广渠门内大街 16 号）
　　　　　网　　址：http：//www.cesp.com.cn
　　　　　电子邮箱：bjgl@cesp.com.cn
　　　　　联系电话：010-67112765（编辑管理部）
　　　　　　　　　　010-67147349（第四分社）
　　　　　发行热线：010-67125803，010-67113405（传真）
　　　　　印装质量热线：010-67113404
印　　刷　北京中科印刷有限公司
经　　销　各地新华书店
版　　次　2022 年 4 月第 1 版
印　　次　2022 年 4 月第 1 次印刷
开　　本　787×1092　1/16
印　　张　7.25
字　　数　100 千字
定　　价　80.00 元

中国环境出版集团郑重承诺：
中国环境出版集团合作的印刷单位、材料单位均具有中国环境标志产品认证；
中国环境出版集团所有图书"禁塑"。

本书编写组

王志轩　张建宇　潘　荔　石丽娜
杨　帆　赵小鹭　雷雨蔚　李佩佩

项目合作单位

中国电力企业联合会
美国环保协会

中国电力减排研究

2021

前 言

　　"中国电力减排研究"系列报告是中国电力企业联合会（以下简称"中电联"）与美国环保协会北京代表处的长期合作项目。《碳达峰碳中和下中国低碳电力行动与展望——中国电力减排研究2021》是该系列报告连续出版的第15本年度报告。按以往报告惯例，本书分三部分介绍：第一部分反映最新的中国电力发展概况及绿色发展情况；第二部分、第三部分总结了中国低碳电力行动与主要成效，并对未来关键节点年份电力低碳发展趋势和碳减排路径进行了展望，提出政策建议。

　　中国国家主席习近平在2020年9月22日的第七十五届联合国大会一般性辩论上的讲话中明确提出，中国力争2030年前二氧化碳排放达到峰值，努力争取2060年前实现碳中和（以下简称"双碳"目标），这已成为引领中国经济社会高质量发展和能源电力清洁低碳转型的重要指标。电力行业是落实"双碳"目标的主体，同时，在通往"双碳"目标之路上也面临诸多问题和挑战。例如，大规模新能源接入对电网系统安全性的冲击，高碳属性的燃煤机组在新形势下的功能转变及退出"节奏"，储能产业如何发展，电力市场与碳排放权交易市场如何协同等。要解决这些问题，需要在"全国统筹、节能优先、双轮驱动、内外畅通、防范风险"的原则下，在经济社会高质量发展对能源电力转型的要求下，紧密结合中国电力行业实际情况，提出中国低碳电力发展战略与行动。本报告旨在分析中国电力行业绿色发展现状和"双碳"目标政策下电力行业转型发展的趋势，进而提出促进行业绿色低碳转型的措施和建议。

　　由于时间仓促，且中国低碳电力发展相关政策不断更新、变化，书中不当及疏漏之处，敬请读者提出宝贵意见。

中国电力减排研究

2021

摘 要

《碳达峰碳中和下中国低碳电力行动与展望——中国电力减排研究2021》反映了最新的中国电力发展水平和电力绿色发展情况，系统总结了中国低碳电力行动与主要成效，并对关键节点年份电力低碳发展趋势和碳达峰碳中和路径进行展望，提出促进中国低碳电力发展的政策建议。本报告分三部分内容：

第一部分主要反映了最新的电力发展水平和2020年电力绿色发展情况。截至2020年年底，全国全口径发电装机容量达到220 204万千瓦，同比增长9.5%。其中，水电37 028万千瓦，同比增长3.4%；火电124 624万千瓦，同比增长4.8%；核电4 989万千瓦，同比增长2.4%；并网风电28 165万千瓦，同比增长34.7%；并网太阳能发电25 356万千瓦，同比增长24.1%；中国全口径非化石能源发电装机容量98 566万千瓦，同比增长16.8%，占总装机容量的44.8%，比重比上年提高2.8个百分点。人均装机容量1.56千瓦/人，同比增加0.13千瓦/人。2020年，全国全口径发电量76 264亿千瓦·时，同比增长4.1%。其中，水电13 553亿千瓦·时，同比增长4.1%；火电51 770亿千瓦·时，同比增长2.6%；核电3 662亿千瓦·时，同比增长5.0%；并网风电4 665亿千瓦·时，同比增长15.1%；并网太阳能2 611亿千瓦·时，同比增长16.6%；非化石能源发电量25 850亿千瓦·时，同比增长8.0%，占总发电量的33.9%，比重比上年提高1.2个百分点；人均发电量5 405千瓦·时/人，同比增加200千瓦·时/人。2020年，全国电力烟尘排放总量约为15.5万吨，同比下降约15.1%；单位火电发电量烟尘排放量约为0.032克/（千瓦·时），同比下降约0.006克/（千瓦·时）。全国电力二氧化硫排放量约为78.0万吨，同比下降约12.7%；单位火电发电量二氧化硫排放量约为0.160克/（千瓦·时），同比下降约为0.027克/（千瓦·时）。全国电力氮氧化物排放量约为87.4万吨，同比下降约为6.3%；单位火电发电量氮氧化物排放量约为0.179克/（千瓦·时），同比下降约为0.016克/（千瓦·时）；全国单位火电发电量二氧化碳排放约832克/（千瓦·时），比2005年下降20.6%；单位发电量二氧化碳排放约565克/（千瓦·时），比2005年下降34.1%。全国6 000千瓦及以上电厂供电标准煤耗约为304.9克/（千瓦·时），比上年降低1.5克/（千瓦·时）；全国线路损失率为5.60%，比上年降低0.33个百分点。

第二部分总结了中国低碳电力行动与主要成效，并对关键节点年份电力低碳发展趋势和碳达峰碳中和路径进行展望。电力行业既是碳排放的主要行业，也是碳减排的重要领域。通过强化顶层设计、优化电力结构、推进碳市场建设等措施，电力行业在低碳电力生产、低碳电力消费、低碳电力技术、电力体制改革等方面取得积极成效，具体体现在非化石能源发电比重大幅提升，以风、光为代表的新能源发电实现跨越式发展，以煤电为主的化石能源发电更加清洁高效灵活，以特高压为主干架的坚强电网支撑电能远程输送与优化配置，电力消费结构持续优化，电能替代水平逐年提高，终端用能电气化水平持续提升，发电、电网低碳技术迭代更新，电力市场化机制更加有利于促进新能源消纳。

总体来看，中国经济社会长期向好的基本面没有改变，电力行业作为支撑经济社会发展的基础性、公用性产业也将持续发展。电力需求方面，以国内大循环为主体、国内国际双循环相互促进的新发展格局将带动用电持续增长，新动能、新业态、新基建、新型城镇化建设将成为拉动用电增长的主要动力，提高电气化水平已成为时代发展的大趋势，也是能源电力清洁低碳转型的必然要求。电力供给方面，可再生能源将成为能源电力增量的主体，清洁能源发电装机与发电量占比持续提高；风电、光伏发电等新能源保持合理发展；煤电有序、清洁、灵活、高效发展，煤电的功能定位将向托底保供和系统调节型电源转变；储能技术在电力系统各环节中的应用更加广泛；电网在消纳非化石能源发电、保障电力系统安全稳定运行、灵活性调节等方面的能力将进一步提升。安全、低碳、智能、经济既是电力发展的特征体现，又是电力转型的约束性要求。综合考虑电力安全、低碳、技术、经济等关键因素，预计到2025年、2030年、2035年，中国非化石能源发电装机比重分别达到52%、59%、67%。电力行业"双碳"路径总体可划分为平台期、稳中有降、加速下降三个阶段。其中,2030年前处于平台期阶段,电力碳排放总量进入平台期并达到峰值;稳中有降阶段持续5~10年,电力系统调节能力实现根本性突破,为支撑更大规模新能源发电奠定了基础,化石能源替代达到"拐点",带动电力行业碳排放下降。通过大力发展非化石能源发电、推动煤电高质量发展、提高电力系统调节能力、优化电网结构促进消纳清洁能源、发挥碳市场低成本减碳效用等主要措施,实现自身低碳转型和支撑经济社会低碳发展。

第三部分结合"双碳"目标要求,提出促进中国低碳电力发展政策建议。一是充分发挥电力规划引导和约束作用;二是以"双碳"目标统领电力相关政策;三是重视和防范电力系统新安全风险;四是加强电力行业低碳标准化工作;五是发挥市场机制促进低成本减碳;六是加快关键电力低碳技术创新发展;七是发挥电力企业落实"双碳"目标主力军作用。

Abstract

The "Actions and Outlooks of Low-Carbon Development for China's Power Sector under the Goal of Carbon Peak and Carbon Neutrality—China's Power Industry Emission Reduction Report 2021" (referred to as "the Report" hereinafter) examined the status of China's power sector and overviewed its progress on green development. Specially, the Report summarized the actions of low-carbon development for China's power sector along with the relevant outcomes, made predictions for low carbon development of the power industry in pivotal years and pathway toward carbon peak and carbon neutrality, and in turn proposed policy recommendations to promote further low carbon development of China's power sector. The Report is divided into three sections:

The first section reviewed the status of China's power sector and overviewed its progress on green development in 2020. By the end of 2020, China's total installed power generation capacity reached 2,202.04 GW, with a year-on-year growth of 9.5%. The total capacity of China's hydropower reached 370.28 GW, with a year-on-year growth of 3.4%; the accumulated thermal power capacity reached 1,246.24 GW, growing by 4.8% year-on-year; the total nuclear power capacity reached 49.89 GW, increasing by 2.4% from the previous year; on-grid wind power capacity totaled 281.65 GW, increasing by 34.7% compared with 2019; the on-grid solar power capacity amounted to 253.56 GW, increasing by 24.1% year-on-year. China's power generation capacity from non-fossil fuel sources reached 985.66 GW, increasing by 16.8 % year-on-year and accounting for 44.8% of China's total power generating capacity, 2.8 percent points higher than the previous year. The installed capacity per capita was 1.56 kW, which was 0.13 kW more than the previous year. The amount of China's electricity generated in 2020 was 7,626.4 TW·h, increasing by 4.1% over the previous year. Hydropower generated 1,355.3 TW·h of electricity in 2020, a year-on-year increase of 4.1%; thermal power generated 5,177 TW·h, increasing by 2.6% from the previous year; nuclear power generated 366.2 TW·h, a year-on-year increase of 5%; on-grid wind power generated 466.5 TW·h, increasing by 15.1% over the previous year; and on-grid solar power generated 261.1 TW·h, increasing by 16.6% from the previous year. Electricity generated from non-fossil fuel sources reached 2,585 TW·h, increasing by 8% year-on-year and accounting for 33.9% of China's total power generation in 2020, increasing by 1.2% over the previous year. Electricity generated per capita was 5,405 kW·h, which was 200 kW·h more than the previous year. The total soot emissions from China's power sector were 155,000 t in 2020, decreasing by about 15.1% from 2019. The power sector's soot emissions intensity per unit of generated power was 0.032 g/(kW·h), which was 0.006 g/(kW·h) less than the previous year. China's total SO_2 emissions from the power sector were estimated to be 780,000 tonnes, decreasing by 12.7% from 2019. The emission intensity per unit of SO_2 in the power sector was about 0.160 g/(kW·h), which was 0.027 g/(kW·h) less than the previous year. The national total NO_x emissions from the power sector were 874,000 t, decreasing by 6.3% over the previous year. The emission intensity per unit of NO_x in the power sector was about 0.179 g/(kW·h) which was 0.016 g/(kW·h) less than the previous year. The overall thermal power's CO_2 emission intensity per unit of generated power was 832 g/(kW·h), decreasing by 20.6% from 2005; the CO_2 per unit power sector's emission intensity was about 565 g/(kW·h), decreasing by 34.1% from 2005. For thermal power plants with generation capacities of over 6,000 kW, the standard coal consumption rate of power supply was about 304.9 g/(kW·h) in 2020, which was 1.5 g/(kW·h) less than the previous year. The transmission line loss rate was 5.6%, 0.33 percent points lower than the previous year.

The second section summarized the actions of low-carbon development for China's power sector and the relevant outcomes. Predictions were also made for low carbon development of the power industry in pivotal years and pathways towards carbon peak and carbon neutrality. The power sector is the main carbon emitter, which has great carbon emission reduction potential as well. By strengthening the top-level design, optimizing the power structure, and promoting construction of the carbon market, the power industry has achieved positive results in the aspects of low-carbon power production, low-carbon power consumption, low-carbon power technology, and electric power system reform. The proportion of non-fossil energy power generation has been greatly increased. The new energy power generation represented by wind and solar power has realized a leap-forward development. Fossil fuel energy, represented mainly by coal-fired power, has become more clean, efficient and flexible. A resilient grid, with Ultra High Voltage(UHV) backbone network, has been developed to support the long-distance transmission and optimal allocation of electric power. The power consumption structure has been continuously optimized. The level of electric energy substitution is increasing year by year. The electrification level of terminal energy continues to improve along with rapid innovation of the low-carbon technology of power generation and power grid. The efforts to build up a market-based mechanism of electric power will be more favorable to the consumption of electricity generated by renewables.

Overall, China's long-term path of strong economic growth will remain unchanged. As a fundamental and public industry to support economic development, the power industry will continue to grow. China's demand for power is projected to see a continuous increase thanks to the new development paradigm of "dual circulation" which allows the domestic and overseas markets to reinforce each other, with the domestic market as the mainstay. The emergence of new economic drivers, new business forms, new infrastructure construction and new-type urbanization will become the main driving forces for the growth of power consumption. Electrification has become a major development trend in China, which is a necessary step in achieving energy's clean and low-carbon development. As the renewable energy will become the main body of energy power increment, China's clean energy production capacity and clean energy's proportion of generated power will continuously increase. Wind and solar power will maintain a rational growth; the coal-fired power will develop in an orderly, clean, flexible and efficient manner, and the coal-fired power will turn into a power source that is for ensuring basic needs and serves as a system regulating source. Energy storage technology will be more widely utilized in each aspect of the electrical system. The capacities of the grid will be optimized further for the consumption of electricity generated by renewable energy, safe and stable operation of the electrical system, and flexibility. To be safe, low carbon, smart and economical illustrates the development of electric power and acts as the binding requirement for electric power transformation as well. Considering the key factors of electrical safety, low carbon, technology and economy, by 2025, 2030 and 2035, the share of China's power generation capacity from non-fossil fuel sources in capacity mix will be 52%, 59% and 67% respectively. The pathway for the power sector towards carbon peak and carbon neutrality can be put as 3 stages: plateau, steady decline and precipitate fall. The power sector will be on the stage of plateau when the total emissions of carbon dioxide from electricity production come to plateau and peak before 2030. The stage of steady decline will cover a range of 5~10 years when a fundamental breakthrough will be achieved in the adjustment capacity of the electrical system, laying a foundation for higher penetration of electricity generated by renewable energy. This will lead the replacement of fossil energy to a turning point, in which the emissions of carbon dioxide from power sector decreases. The power sector will be able to achieve low-carbon transition and support the socio-economic low carbon development by vigorously developing electricity generated from non-fossil fuel sources, promoting high-quality development of coal-fired power, upgrading adjustment capacity of the electrical system, optimizing grid structure for more clean energy consumption, and giving full play to achieve the low-cost carbon reduction by the carbon market.

The third section proposed policy recommendations to promote further low-carbon

Abstract

development of China's power sector under the goal of carbon peak and neutrality. First, to make full use of electric power planning to guide and restrain the sector's development; second, to formulate the relevant policies of power sector under the goal of carbon peak and carbon neutrality; third, to attach more importance to the prevention of new risks in the electrical system; fourth, to strengthen the low-carbon standardization of power sector; fifth, to facilitate low-cost carbon reduction by market mechanism; sixth, to accelerate the innovative development of key technology for low-carbon power; seventh, to fulfill the role of power companies as the main forces in striving to achieve the targets of carbon peak and carbon neutrality.

目 录

第一部分

中国电力发展概况及绿色发展情况

1

中国电力发展概况

　　2021年是"十四五"开局之年，也是中国提出碳达峰碳中和目标后开启实质性工作落实的关键之年。在胜利完成"十三五"规划目标的基础上，中国电力行业趁势而上、顺势而为，在落实"四个革命、一个合作"能源安全新战略、加快构建以新能源为主体的新型电力系统方面取得了积极成效，电力供应能力持续增强、电力消费结构得到优化、电力清洁低碳水平和系统灵活性进一步提升，积极克服部分地区电力短缺状况，为经济社会发展和能源清洁低碳转型做出了积极贡献。

1.1　电力生产与消费

1.1.1　电力生产

（1）装机容量

　　根据中电联《2021年全国电力工作统计快报》（以下简称统计快报），截至2021年年底，全国发电装机容量23.8亿千瓦，同比增长7.9%。其中，非化石能源装机容量11.2亿千瓦，同比增长13.4%，占总装机容量的47.0%，占比同比提高2.3个百分点。水电3.9亿千瓦，同比增长5.6%。火电13.0亿千瓦，同比增长4.1%，其中，燃煤发电11.1亿千瓦，同比增长2.8%，燃气发电10 859万千瓦，同比增长8.9%，生物质发电3 797万千瓦，同比增长27.1%。核电5 326万千瓦，同

比增长6.8%。并网风电3.3亿千瓦（其中，陆上风电和海上风电分别为30 209
万千瓦和2 639万千瓦），同比增长16.6%。并网太阳能发电3.1亿千瓦（其中，
光伏发电和光热发电分别为30 599万千瓦和57万千瓦），同比增长20.9%。

根据中电联《中国电力行业年度发展报告2021》[1]，截至2020年年底，全
国全口径发电装机容量达到220 204万千瓦，同比增长9.6%。其中，水电37 028
万千瓦，同比增长3.4%（包括抽水蓄能3 149万千瓦，同比增长4.0%）；火电
124 624万千瓦，同比增长4.8%（包括燃煤发电107 912万千瓦，同比增长3.7%；
燃气发电9 972万千瓦，同比增长10.5%；生物质发电2 987万千瓦，同比增长
26.51%）；核电4 989万千瓦，同比增长2.4%；并网风电28 165万千瓦，同比增
长34.7%；并网太阳能发电25 356万千瓦，同比增长24.1%。2020年，人均装机
容量1.56千瓦/人，同比增加0.13千瓦/人。

2001—2021年中国发电装机容量与增速变化情况见图1-1，2010—2021年
中国分类型发电装机容量占比情况见图1-2；2001—2020年中国人均装机容量
变化情况见图1-3。

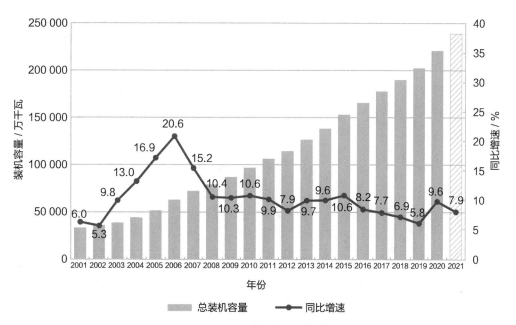

图1-1　2001—2021年中国发电装机容量与同比增速变化

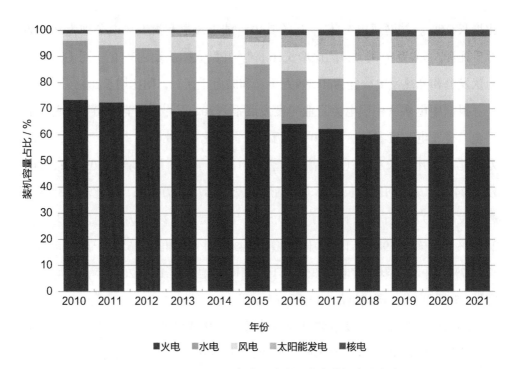

图1-2 2010—2021年中国分类型发电装机容量占比

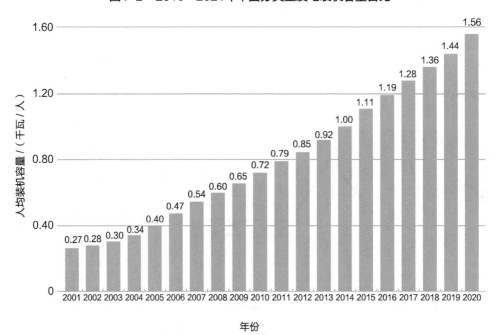

图1-3 2001—2020年中国人均装机容量变化

（2）发电量

根据中电联统计快报，2021年，全国全口径发电量83 768亿千瓦·时，同比增长9.8%。其中，非化石能源发电量28 958亿千瓦·时，同比增长12.0%。分类型看，水电发电量13 401亿千瓦·时，同比下降1.1%；火电发电量56 463亿千瓦·时，同比增长9.1%；核电发电量4 075亿千瓦·时，同比增长11.3%；并网风电和并网太阳能发电量分别为6 556亿千瓦·时和3 270亿千瓦·时，同比分别增长40.5%和25.2%。

根据中电联《中国电力行业年度发展报告2021》，2020年，全国全口径发电量76 264亿千瓦·时，同比增长4.1%。其中，水电13 553亿千瓦·时，同比增长4.1%（包括抽水蓄能335亿千瓦·时，同比增长5.0%）；火电51 770亿千瓦·时，同比增长2.6%（包括煤电46 296亿千瓦·时，同比增长5.0%；气电2 525亿千瓦·时，同比增长8.6%；生物质发电1 355亿千瓦·时，同比增长20.35%）；核电3 662亿千瓦·时，同比增长5.0%；并网风电4 665亿千瓦·时，同比增长15.1%；并网太阳能2 611亿千瓦·时，同比增长16.6%。2020年，人均发电量5 405千瓦·时/人，同比增加200千瓦·时/人。

2001—2020年中国发电量及增速变化情况见图1-4，2010—2020年中国分类型发电量占比情况见图1-5；2001—2020年中国人均发电量变化情况见图1-6。

1.1.2 电力消费

根据中电联统计快报，2021年，全社会用电量83 128亿千瓦·时，同比增长10.3%。分产业看[1]，第一产业用电量1 023亿千瓦·时，同比增长16.4%，占全社会用电量的比重为1.2%；第二产业用电量56 131亿千瓦·时，同比增长9.1%，占全社会用电量的比重为67.5%；第三产业用电量14 231亿千瓦·时，同比增长17.8%，占全社会用电量的比重为17.1%；城乡居民生活用电量11 743亿千瓦·时，同比

---

[1] 从2018年5月开始，三次产业划分按照《国家统计局关于修订〈三次产业划分规定（2012）〉的通知》（国统设管函〔2018〕74号）调整，为保证数据可比，同期数据根据新标准重新进行了分类。

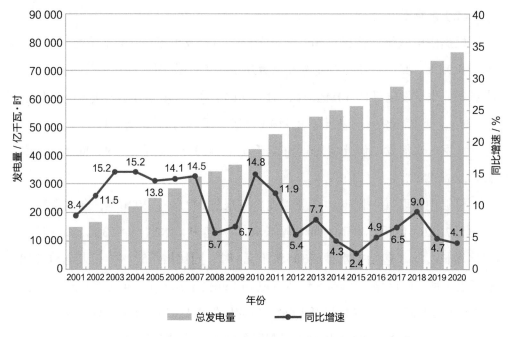

图1-4 2001—2020年中国发电量及同比增速变化

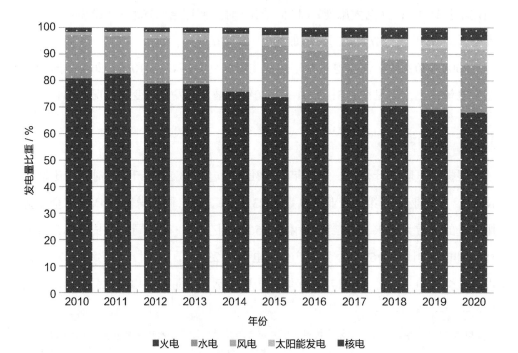

图1-5 2010—2020年中国分类型发电量占比

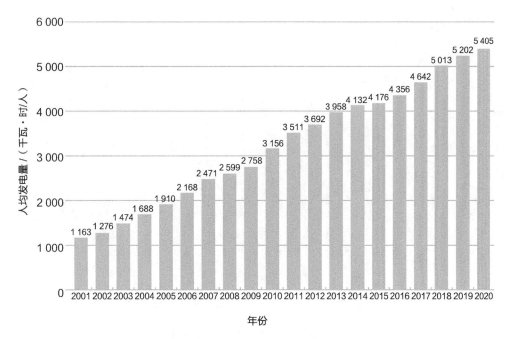

图1-6　2001—2020年中国人均发电量变化

增长7.3%，占全社会用电量的比重为14.2%。

根据中电联《中国电力行业年度发展报告2021》，2020年，中国全社会用电量75 214亿千瓦·时，同比增长3.2%。分产业看，第一产业用电量859亿千瓦·时，同比增长10.1%，占全社会用电量的比重为1.1%；第二产业用电量51 318亿千瓦·时，同比增长2.7%，占全社会用电量的比重为68.2%；第三产业用电量12 091亿千瓦·时，同比增长1.9%，占全社会用电量的比重为16.1%；城乡居民生活用电10 946亿千瓦·时，同比增长6.8%，占全社会用电量的比重为14.6%。2020年，人均用电量5 331千瓦·时/人，同比增加182千瓦·时/人；人均生活用电量776千瓦·时/人，同比增加48千瓦·时/人。

2010—2021年中国全社会用电量及其增速情况见图1-7；2019年和2020年中国电力消费结构见图1-8；2001—2020年中国人均用电量和人均生活用电量变化情况见图1-9。

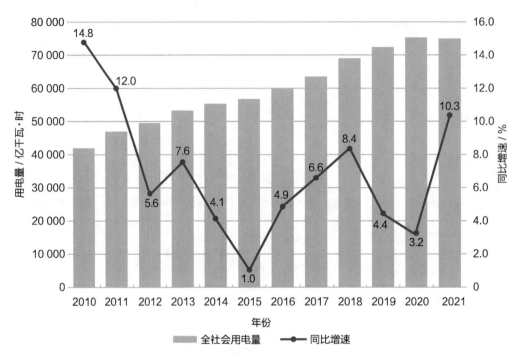

图1-7 2010—2021年中国全社会用电量及其同比增速

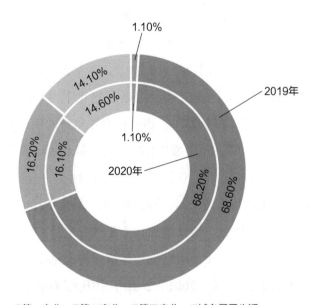

图1-8 2019年（外环）和2020年（内环）中国电力消费结构

2021
中国电力减排研究

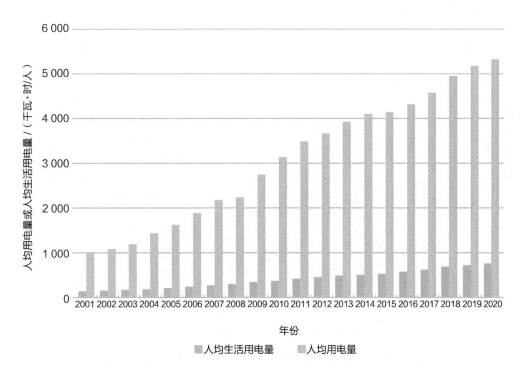

图1-9　2001—2020年中国人均用电量和人均生活用电量变化

1.2　电力结构

1.2.1　非化石能源发电

非化石能源发电比重持续提高，为落实国家非化石能源消费占比约束性指标提供支撑。根据中电联《中国电力行业年度发展报告2021》，截至2020年年底，中国全口径非化石能源发电装机容量98 566万千瓦，同比增长16.8%，占总装机容量的44.8%，比重比上年提高了约4个百分点。2020年，非化石能源发电量25 850亿千瓦·时，同比增长8.0%，占总发电量的33.9%，比重比上年提高2.8个百分点。

2010—2020年中国非化石能源发电装机容量及比重变化情况见图1-10；2010—2020年中国非化石能源发电量及比重变化情况见图1-11。

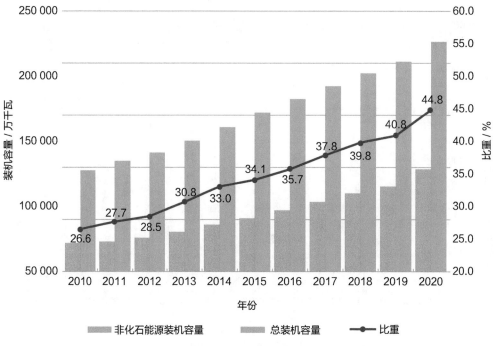

图1-10 2010—2020年中国非化石能源发电装机容量及比重

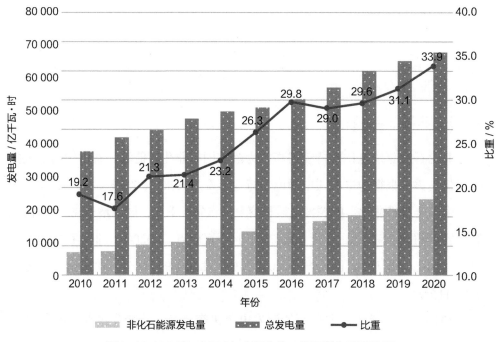

图1-11 2010—2020年中国非化石能源发电量及比重

1.2.2 火力发电

火力发电结构持续优化,"托底保供"和灵活性调节作用得到进一步发挥。一方面,大容量、高参数、节能环保型火电机组比重持续提高,截至2020年年底,火电单机30万千瓦及以上机组容量占比超过80%;火电单机30万千瓦及以上机组容量占火电机组容量比重从2010年的72.7%逐年上升到2020年的80.8%,累计提高8.1个百分点。另一方面,热电联产机组比重持续提高,火电供热机组利用高品质能量发电、较低品质的能量供热(减少汽轮机冷端热损失),可实现能量的梯级利用,提高能源利用效率。截至2020年年底,火电供热机组容量比重超过45.2%;6 000千瓦及以上火电厂热电比[2]达到29.71%。此外,为支撑可再生能源消纳,煤电机组加快推进灵活性改造,为提升电力系统灵活性提供支撑。

2010—2020年中国统计调查范围内火电机组容量比重变化情况见图1-12;2010—2020年中国6 000千瓦及以上火电厂热电比变化情况见图1-13。

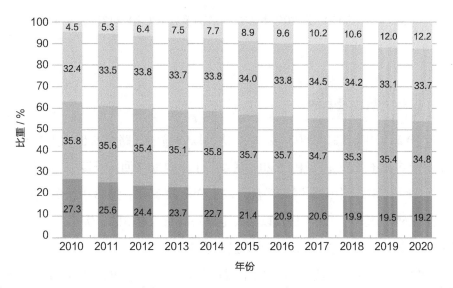

图1-12 2010—2020年全国统计调查范围内火电机组容量比重变化情况

---

[2] 根据《火力发电厂技术经济指标计算方法》(DL/T 904—2014),热电比是指统计期内电厂向外供出的热量与供电量的当量热量的百分比。

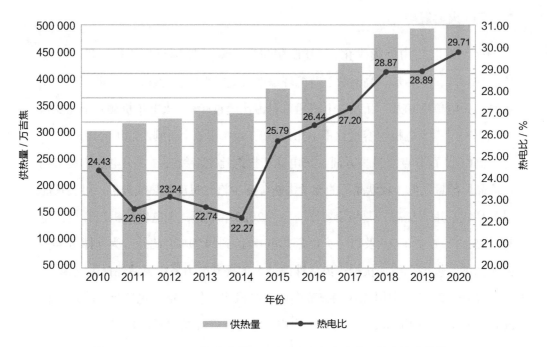

图1-13　2010—2020年中国6 000千瓦及以上火电厂热电比变化情况

1.2.3　电网规模及等级

截至2020年年底，全国电网35千伏及以上输电线路回路长度为205.2万千米，比上年增长4.3%。其中，220千伏及以上输电线路回路长度为79.4万千米，比上年增长4.6%。中国电网35千伏及以上变电设备容量为68.9亿千伏安，比上年增长5.5%。其中，220千伏及以上变电设备容量为45.3亿千伏安，比上年增长4.9%。全国跨区、跨省送出电量能力进一步提升。

2020年中国35千伏及以上输电线路回路长度及变电设备容量情况见表1-1。

表1-1 2020年中国35千伏及以上输电线路回路长度及变电设备容量情况

电压等级		输电线路回路长度		变电设备容量	
		长度 / 万千米	增长率 / %	容量 / 亿千伏安	增长率 / %
35千伏及以上各电压等级合计		205.2	4.3	68.9	5.5
220千伏及以上各电压等级合计		79.4	4.6	45.3	4.9
其中	1 000千伏	1.3	11.1	1.7	13.7
	±800千伏	2.5	13.8	2.6	15.6
	750千伏	2.4	4.7	2.0	10.2
	500千伏	20.2	3.0	15.2	4.1
	其中：±500千伏	1.5	7.7	1.2	6.4
	330千伏	3.4	5.1	1.3	8.7
	220千伏	47.5	4.5	20.8	3.0

2

电力绿色发展情况

2.1 污染控制[3]

2020年，电力行业积极落实国家环保各项政策要求，全国达到污染物超低排放限值的煤电机组约9.5亿千瓦，占全国煤电总装机容量约88%，主要大气污染物和废水治理水平持续向好，为促进环境质量改善做出了新的贡献。

2.1.1 大气污染治理

（1）烟尘

根据中电联统计分析，2020年，全国电力烟尘排放总量约15.5万吨，同比下降约15.1%；单位火电发电量烟尘排放量约0.032克/（千瓦·时），同比下降约0.006克/（千瓦·时）。2001—2020年电力烟尘排放情况见图2-1。

（2）二氧化硫

2020年，全国电力二氧化硫排放量约78.0万吨，同比下降约12.7%；单位火电发电量二氧化硫排放量约0.160克/（千瓦·时），同比下降约0.027克/（千瓦·时）。2001—2020年电力二氧化硫排放情况见图2-2。

---

[3] 本报告中，电力污染控制特指火电厂主要污染物控制。

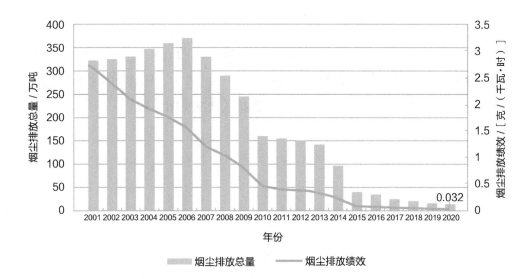

图2-1　2001—2020年电力烟尘排放情况[4]

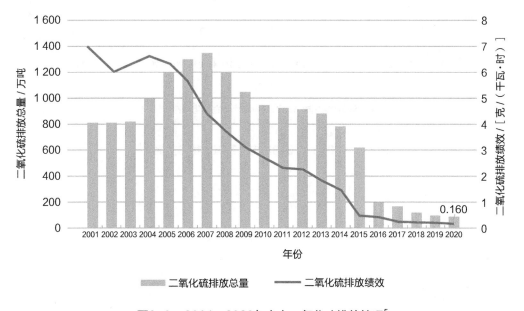

图2-2　2001—2020年电力二氧化硫排放情况[5]

---

[4] 烟尘排放量数据来源为电力行业统计分析，统计范围为全国装机容量6 000千瓦及以上火电厂。

[5] 电力二氧化硫排放量数据来源为电力行业统计分析，统计范围为全国装机容量6 000千瓦及以上火电厂。

（3）氮氧化物

2020年，全国电力氮氧化物排放量约为87.4万吨，同比下降约6.3%；单位火电发电量氮氧化物排放量约0.179克/（千瓦·时），同比下降约0.016克/（千瓦·时）。2005—2020年电力氮氧化物排放情况见图2-3。

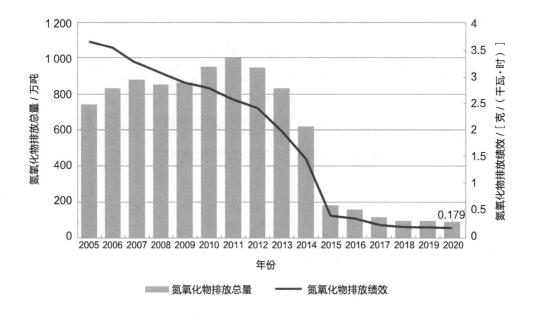

图2-3　2005—2020年电力氮氧化物排放情况[6]

---

[6] 电力氮氧化物排放量数据来源为电力行业统计分析，统计范围为全国装机容量6 000千瓦及以上火电厂。

中、美火电主要大气污染物排放水平比较

根据美国能源署（IEA）最新公布的数据，2019年，美国火电二氧化硫和氮氧化物排放量分别为126.7万吨和134.2万吨；单位火电发电量二氧化硫和氮氧化物排放强度分别为1.20克/（千瓦·时）和1.27克/（千瓦·时）。

2015—2019年，中、美火电主要大气污染物排放水平见专栏图2-1～专栏图2-3。

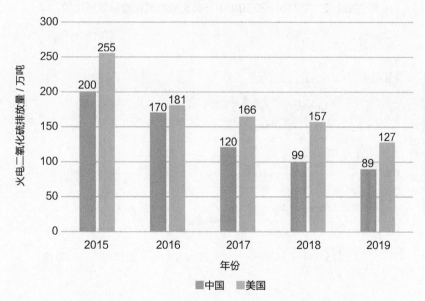

专栏图2-1　2015—2019年中、美火电二氧化硫排放量比较

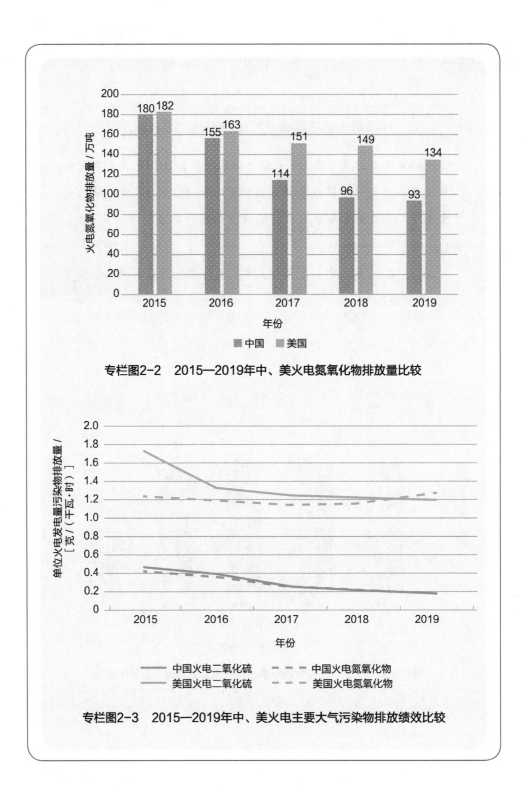

专栏图2-2　2015—2019年中、美火电氮氧化物排放量比较

专栏图2-3　2015—2019年中、美火电主要大气污染物排放绩效比较

2.1.2 废水治理

根据中电联统计分析，2020年，火电废水排放量2.7亿吨，同比下降约1.21%；单位火电发电量废水排放量约52克/（千瓦·时），同比下降2克/（千瓦·时）。

2000—2020年全国火电厂废水排放情况见图2-4。

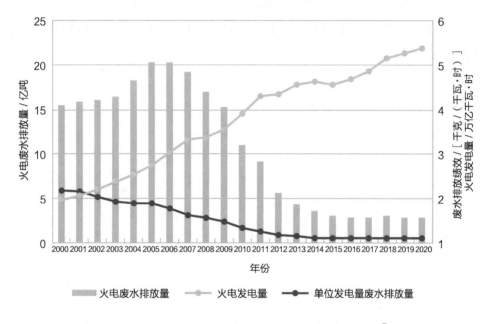

图2-4　2000—2020年全国火电厂废水排放绩效情况[7]

2.2　资源节约

2020年，电力行业深入推进节能改造、供热改造，开展能效对标、节能诊断与监督管理，加大流通、供热及灵活性改造力度，加大淘汰关停落后机组力

---

[7] 单位发电量废水排放量数据来源为电力行业统计分析，统计范围为全国装机容量6 000千瓦及以上火电厂。

度，不断优化煤电机组结构，持续加强线损管控力度等，主要能源资源节约指标持续向好。

2.2.1 节能降耗

根据中电联《中国电力行业年度发展报告2021》，2020年，全国6 000千瓦及以上电厂供电标准煤耗304.9克/（千瓦·时），比上年降低1.5克/（千瓦·时）；全国线路损失率5.60%，比上年降低0.33个百分点。

2001—2020年全国6 000千瓦及以上电厂供电标准煤耗和全国线路损失率变化情况见图2-5。

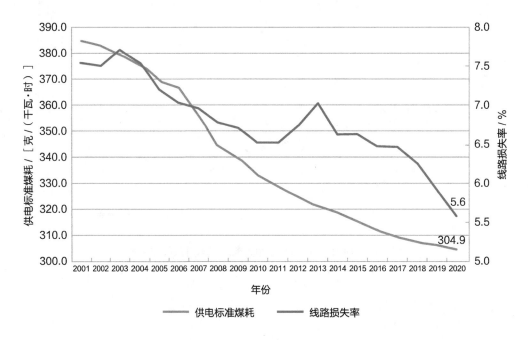

图2-5 2001—2020年全国6 000千瓦及以上电厂供电标准煤耗和全国线路损失率

2.2.2　水资源节约

根据中电联统计分析，2020年，全国火电厂单位发电量耗水量1.18千克/（千瓦·时），比上年降低0.03千克/（千瓦·时）。

2000—2020年全国火电厂单位发电量耗水量见图2-6。

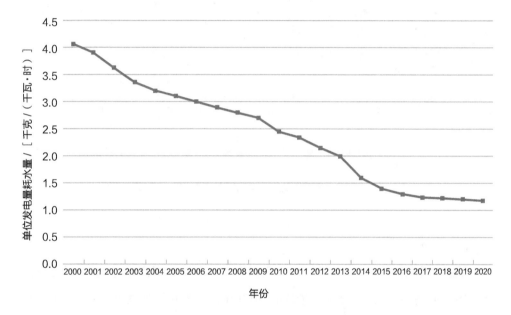

图2-6　2000—2020年全国火电厂单位发电量耗水量

2.2.3　固废综合利用

（1）粉煤灰

根据中电联统计分析，2020年，全国火电厂粉煤灰产生量5.65亿吨，比上年增加0.15亿吨；综合利用量4.2亿吨，比上年增加0.2亿吨；综合利用率74%，比上年提高2个百分点。

2010—2020年全国火电厂粉煤灰产生与利用情况见图2-7。

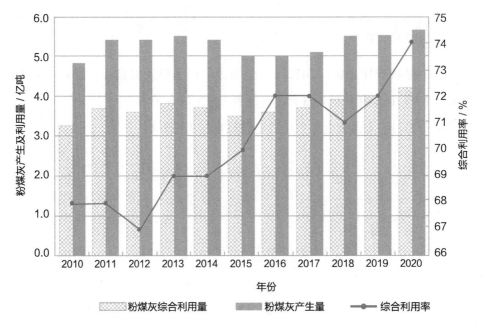

图2-7　2010—2020年全国火电厂粉煤灰产生与利用情况

（2）脱硫石膏

根据中电联统计分析，2020年，全国火电厂脱硫石膏产生量约8 350万吨，比上年增加150万吨；综合利用量约6 350万吨，比上年增加约200万吨；脱硫石膏综合利用率76%，比上年提高1个百分点。

2010—2020年全国火电厂脱硫石膏产生与利用情况见图2-8。

2.3　应对气候变化

2020年，电力行业继续推进应对气候变化工作，提高可再生能源发电比重，优化煤电机组结构，通过多种措施降低供电煤耗和线路损失率，电力行业碳排放强度持续下降，碳减排贡献持续增加，为落实国家应对气候变化目标和承诺做出了积极贡献。

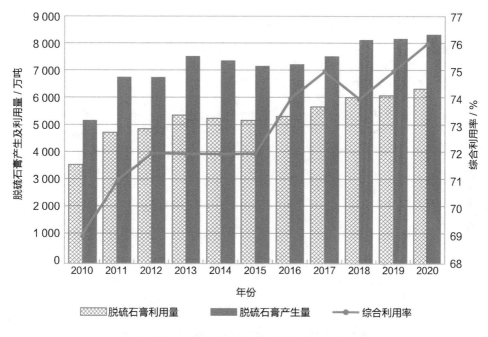

图2-8　2010—2020年全国火电厂脱硫石膏产生与利用情况

2.3.1　碳排放强度

根据中电联统计分析，2020年，全国单位火电发电量二氧化碳排放量约832克/（千瓦·时），比2005年下降20.6%；单位发电量二氧化碳排放量约565克/（千瓦·时），比2005年下降34.1%。

2005—2020年电力二氧化碳排放强度见图2-9。

2.3.2　碳减排量

根据中电联统计分析，以2005年为基准年，2006—2020年通过发展非化石能源、降低供电煤耗和线损率等措施，电力行业累计减少二氧化碳排放约185.3亿吨，有效减缓了电力二氧化碳排放总量的增长。其中，非化石能源替代碳减排贡献率为62%，降低供电煤耗碳减排贡献率为36%，降低线损率碳减排贡献率为2.6%。随着非化石能源发电比重增加，替代化石能源发电产生的碳减排贡献比重持续增加，同时，由于火电已经历多轮节能降耗改造，除非技术突破，否则未来通过进一步降低煤耗产生的碳减排贡献比重将呈下降趋势。

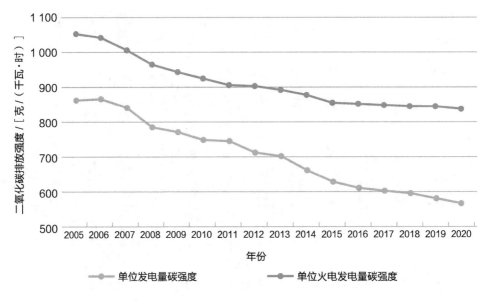

图2-9 2005—2020年电力二氧化碳排放强度

2006—2020年各种措施减少二氧化碳排放情况（以2005年为基准年）见图2-10；各种措施减碳贡献比重情况（以2005年为基准年）见图2-11。

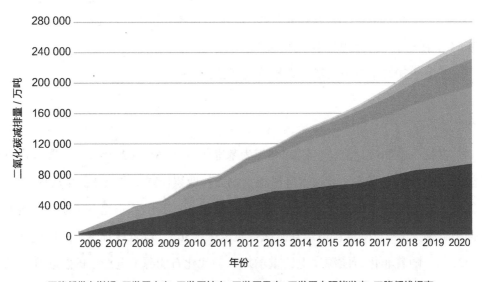

图2-10 2006—2020年各种措施减少二氧化碳排放情况（以2005年为基准年）

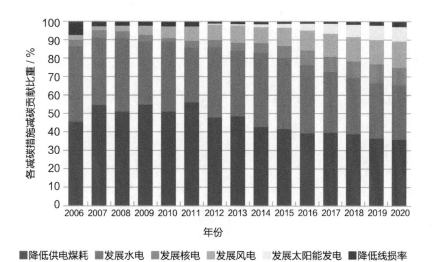

■降低供电煤耗 ■发展水电 ■发展核电 ■发展风电 ■发展太阳能发电 ■降低线损率

图2-11　2006—2020年各种措施减碳贡献比重情况（以2005年为基准年）

PART

2

第二部分

中国低碳电力
行动与展望

3

中国低碳电力行动

3.1 政策引领

3.1.1 强化顶层设计

（1）将碳达峰碳中和纳入经济社会发展全局

2020年9月22日，习近平主席在第七十五届联合国大会一般性辩论上发表重要讲话，承诺中国将提高国家自主贡献力度，采取更加有力的政策和措施，提出二氧化碳排放力争于2030年前达到峰值，努力争取2060年前实现碳中和。同年12月12日，习近平主席在气候雄心峰会上进一步宣布：到2030年，中国单位国内生产总值二氧化碳排放将比2005年下降65%以上，非化石能源占一次能源消费比重将达到25%左右，森林蓄积量将比2005年增加60亿立方米，风电、太阳能发电总装机容量将达到12亿千瓦以上。此后，习近平主席多次在重大国际场合作出并重申中国碳达峰碳中和重大承诺，在国内对碳达峰碳中和工作作出重要部署，已将碳达峰碳中和纳入经济社会发展全局，彰显出中国积极应对气候变化、走绿色低碳发展道路的坚定决心，体现了推动构建人类命运共同体的责任担当，是中国为应对全球气候变化做出的新的重要贡献。

（2）出台碳达峰碳中和顶层政策文件

为落实党中央关于碳达峰碳中和重大决策部署，2021年9月，党中央、国务院印发了《中共中央　国务院关于完整准确全面贯彻新发展理念做好碳达峰

碳中和工作的意见》（以下简称《意见》），10月颁布了《国务院关于印发
2030年前碳达峰行动方案的通知》（以下简称《方案》）。其中，《意见》是
我国推进"双碳"工作"1+N"政策体系之"1"，是统领"双碳"工作的顶层
设计文件；《方案》是"1+N"政策体系"N"中之首，是各行业、各地区制定
具体行动方案的依据，对当前及未来我国经济社会各领域通往碳达峰碳中和之
路提供方向和指引。下面内容简要分析了《意见》及《方案》对电力行业提出
的要求。

1）《中共中央　国务院关于完整准确全面贯彻新发展理念做好碳达峰碳
中和工作的意见》

指导思想。以习近平新时代中国特色社会主义思想为指导，全面贯彻党的
十九大和十九届二中、三中、四中、五中全会精神，深入贯彻习近平生态文明
思想，把握新发展阶段，贯彻新发展理念，构建新发展格局，坚持系统观念，
处理好发展和减排、整体和局部、短期和中长期的关系，把碳达峰、碳中和纳
入经济社会发展全局，以经济社会发展全面绿色转型为引领，以能源绿色低碳
发展为关键，加快形成节约资源和保护环境的产业结构、生产方式、生活方
式、空间格局，坚定不移走生态优先、绿色低碳的高质量发展道路，确保如期
实现碳达峰、碳中和。

工作原则。实现碳达峰、碳中和目标，要坚持"全国统筹、节约优先、双
轮驱动、内外畅通、防范风险"原则。

——全国统筹。全国一盘棋，强化顶层设计，发挥制度优势，实行党政同
责，压实各方责任。根据各地实际分类施策，鼓励主动作为、率先达峰。

——节约优先。把节约能源资源放在首位，实行全面节约战略，持续降低
单位产出能源资源消耗和碳排放，提高投入产出效率，倡导简约适度、绿色低
碳生活方式，从源头和入口形成有效的碳排放控制阀门。

——双轮驱动。政府和市场两手发力，构建新型举国体制，强化科技和制
度创新，加快绿色低碳科技革命。深化能源和相关领域改革，发挥市场机制作
用，形成有效激励约束机制。

——内外畅通。立足国情实际，统筹国内国际能源资源，推广先进绿色低碳技术和经验。统筹做好应对气候变化对外斗争与合作，不断增强国际影响力和话语权，坚决维护我国发展权益。

——防范风险。处理好减污降碳和能源安全、产业链供应链安全、粮食安全、群众正常生活的关系，有效应对绿色低碳转型可能伴随的经济、金融、社会风险，防止过度反应，确保安全降碳。

主要目标。到2025年，绿色低碳循环发展的经济体系初步形成，重点行业能源利用效率大幅提升。单位国内生产总值能耗比2020年下降13.5%；单位国内生产总值二氧化碳排放比2020年下降18%；非化石能源消费比重达到20%左右；森林覆盖率达到24.1%，森林蓄积量达到180亿立方米，为实现碳达峰、碳中和奠定坚实基础。到2030年，经济社会发展全面绿色转型取得显著成效，重点耗能行业能源利用效率达到国际先进水平。单位国内生产总值能耗大幅下降；单位国内生产总值二氧化碳排放比2005年下降65%以上；非化石能源消费比重达到25%左右，风电、太阳能发电总装机容量达到12亿千瓦以上；森林覆盖率达到25%左右，森林蓄积量达到190亿立方米，二氧化碳排放量达到峰值并实现稳中有降。到2060年，绿色低碳循环发展的经济体系和清洁低碳安全高效的能源体系全面建立，能源利用效率达到国际先进水平，非化石能源消费比重达到80%以上，碳中和目标顺利实现，生态文明建设取得丰硕成果，开创人与自然和谐共生新境界。

主要措施。《意见》提出十一项措施，其中，"加快构建清洁低碳安全高效能源体系"对能源电力低碳发展明确了任务和要求：统筹煤电发展和保供调峰，严控煤电装机规模，加快现役煤电机组节能升级和灵活性改造……实施可再生能源替代行动，大力发展风能、太阳能、生物质能、海洋能、地热能等，不断提高非化石能源消费比重。坚持集中式与分布式并举，优先推动风能、太阳能就地就近开发利用。因地制宜开发水能。积极安全有序发展核电。合理利用生物质能。加快推进抽水蓄能和新型储能规模化应用。统筹推进氢能"制储输用"全链条发展。构建以新能源为主体的新型电力系统，提高电网对高比例可再生能源的消纳和调控能力……全面推进电力市场化改革，加快培育发展配售电环节独立市场主体，完善中长期市场、现货市场和辅助服务市场衔接机制，扩大市场化交易规模。推进电网体制改革，明确以消纳可再生能源为主的增量配电网、微电网和分布式电源的市场主体地位。加快形成以储能和调峰能力为基础支撑的新增电力装机发展机制。完善电力等能源品种价格市场化形成机制。从有利于节能的角度深化电价改革，理顺输配电价结构，全面放开竞争性环节电价……

2）《2030年前碳达峰行动方案》

主要目标。"十四五"期间，产业结构和能源结构调整优化取得明显进展，重点行业能源利用效率大幅提升，煤炭消费增长得到严格控制，新型电力系统加快构建，绿色低碳技术研发和推广应用取得新进展，绿色生产生活方式得到普遍推行，有利于绿色低碳循环发展的政策体系进一步完善。到2025年，非化石能源消费比重达到20%左右，单位国内生产总值能源消耗比2020年下降13.5%，单位国内生产总值二氧化碳排放比2020年下降18%，为实现碳达峰奠定坚实基础。"十五五"期间，产业结构调整取得重大进展，清洁低碳安全高效的能源体系初步建立，重点领域低碳发展模式基本形成，重点耗能行业能源利用效率达到国际先进水平，非化石能源消费比重进一步提高，煤炭消费逐步减少，绿色低碳技术取得关键突破，绿色生活方式成为公众自觉选择，绿色低碳循环发展政策体系基本健全。到2030年，非化石能源消费比重达到25%左右，单位国内生产总值二氧化碳排放比2005年下降65%以上，顺利实现2030年前碳达峰目标。

重点任务。《方案》提出"碳达峰十大行动"，对能源绿色低碳转型行动提出具体要求：①推进煤炭消费替代和转型升级……严格控制新增煤电项目，新建机组煤耗标准达到国际先进水平，有序淘汰煤电落后产能，加快现役机组节能升级和灵活性改造，积极推进供热改造，推动煤电向基础保障性和系统调节性电源并重转型。严控跨区外送可再生能源电力配套煤电规模，新建通道可再生能源电量比例原则上不低于50%……②大力发展新能源。全面推进风电、太阳能发电大规模开发和高质量发展，坚持集中式与分布式并举，加快建设风电和光伏发电基地。加快智能光伏产业创新升级和特色应用，创新"光伏+"模式，推进光伏发电多元布局。坚持陆海并重，推动风电协调快速发展，完善海上风电产业链，鼓励建设海上风电基地。积极发展太阳能光热发电，推动建立光热发电与光伏发电、风电互补调节的风光热综合可再生能源发电基地。因地制宜发展生物质发电、生物质能清洁供暖和生物天然气。探索深化地热能以及波浪能、潮流能、温差能等海洋新能源开发利用。进一步完善可再生能源电力消纳保障机制。到2030年，风电、太阳能发电总装机容量达到12亿千瓦以上。③因地制宜开发水电。积极推进水电基地建设，推动金沙江上游、澜沧江上游、雅砻江中游、黄河上游等已纳入规划、符合生态保护要求的水电项目开工建设，推进雅鲁藏布江下游水电开发，推动小水电绿色发展。推动西南地区水电与风电、太阳能发电协同互补。统筹水电开发和生态保护，探索建立水能资源开发生态保护补偿机制。"十四五""十五五"期间分别新增水电装机容量4 000万千瓦左右，西南地区以水电为主的可再生能源体系基本建立。④积极安全有序发展核电。合理确定核电站布局和开发时序，在确保安全的前提下有序发展核电，保持平稳建设节奏。积极推动高温气冷堆、快堆、模块化小型堆、海上浮动堆等先进堆型示范工程，开展核能综合利用示范。加大核电标准化、自主化力度，加快关键技术装备攻关，培育高端核电装备制造产业集群。实行最严格的安全标准和最严格的监管，持续提升核安全监管能力。⑤合理调控油气消费。⑥加快建设新型电力系统。构建新能源占比逐渐提高的新型电力系统，推动清洁电力资源大范围优化配置。大力提升电力系统综合调节能力，加快灵活调节电源建设，引导自备电厂、传统高载能工业负荷、工商业可中断负荷、电动汽车充电网络、虚拟电厂等参与系统调节，建设坚强智能电网，提升电网安全保障水平。积极发展"新能源+储能"、源网荷储一体化和多能互补，支持分布式新能源合理配置储能系统。制定新一轮抽水蓄能电站中长期发展规划，完善促进抽水蓄能发展的政策机制。加快新型储能示范推广应用。深化电力体制改革，加快构建全国统一电力市场体系。到2025年，新型储能装机容量达到3 000万千瓦以上。到2030年，抽水蓄能电站装机容量达到1.2亿千瓦左右，省级电网基本具备5%以上的尖峰负荷响应能力。

《意见》和《方案》凸显了能源行业在碳达峰碳中和工作中的地位和使命。从主要目标看，单位GDP能耗，单位GDP二氧化碳排放，非化石能源消费比重，风电、太阳能发电总装机容量等指标都与能源行业直接相关。从重点任务看，《意见》提出的31项重点任务中，能源行业直接相关的占5项；《方案》更是将"能源绿色低碳转型行动"作为"碳达峰十大行动"之首，体现出能源行业绿色低碳发展在碳达峰碳中和工作中具有基础性和关键性地位。同时，《意见》和《方案》强调坚持系统观念，做到全国统筹，确保能源安全稳定供应和平稳过渡。构建现代能源体系，实现碳达峰、碳中和目标，要坚定不移贯彻新发展理念，坚持系统观念，处理好发展和减排、整体和局部、短期和中长期的关系。要强化风险防控，确保安全降碳。要把握好电力、煤炭、石油天然气、新能源、储能等在不同时期的不同定位。要统筹好全国新能源资源的分布特性，优化能源资源配置，克服新能源随机性、波动性等缺点。同时，要统筹发挥微电网、分布式能源体系与大电网作用，共同维护电力系统安全，保障碳达峰、碳中和目标顺利实现。

3.1.2　优化电力结构

优化电力结构，促进以风电、太阳能发电为代表的新能源发电开发利用，构建以新能源为主体的新型电力系统，是落实我国低碳发展目标重要途径。

以规划为导向，大力发展可再生能源。2007年8月31日，国家发展改革委印发《可再生能源中长期发展规划》，提出该规划出台到2020年期间可再生能源发展的指导思想、主要任务、发展目标、重点领域和保障措施。其中，针对风电和太阳能具体发展目标是，到2020年全国风电总装机容量达到3 000万千瓦、太阳能发电总容量达到180万千瓦，实际发展情况已大大超过预期。同时，该规划还提出了实施保障措施，包括对非水可再生能源发电制定强制性市场份额目标、各相关单位需承担促进可再生能源发展责任和义务、制定电价和费用分摊政策、加大财政投入和税收优惠力度、加快技术进步及产业发展等，上述保障措施在后续实施中逐步得到落实。作为首部针对可再生能源发展的战略性规划，《可再生能源中长期发展规划》起到了基础性、指引性的作用。"十三五"时期，国家能源局开展了能源发展系列规划编制工作，其中，电力、水电、风电、太阳能等专项规划的发布实施，对"十三五"我国能源清洁低碳发展具有重要指导意义和作用。

综合发挥财税和绿色机制作用，激励可再生能源开发利用。自2006年《中华人民共和国可再生能源法》实施以来，我国逐步建立了对可再生能源开发利用的价格、财税、金融等一系列支持政策。例如，2006年1月4日，国家发展改革委印发《可再生能源发电价格和费用分摊管理试行办法》，明确提出了"可再生能源发电价格实行政府定价和政府指导价两种形式；政府指导价即通过招标确定的中标价格，可再生能源发电价格高于当地脱硫燃煤机组标杆上网电价的差额部分，在全国省级及以上电网销售电量中分摊"。此后，国家发展改革委针对陆上风电、海上风电、光伏发电、太阳能热发电、可再生能源电价附加等陆续出台了相关电价政策，并且依据新能源发电技术成本和产业发展及时调整相应电价。2012年，按照有关管理要求，可再生能源电价附加转由财政部会同国家发展改革委、国家能源局共同管理。此后，中央财政多次安排资金支持，有力支撑了我国可再生能源行业的快速发展。随着可再生能源行业的快速发展，相关管理机制已不能适应形势变化的要求。可再生能源电价附加收入远不能满足可再生能源发电需要，补贴资金缺口持续增加。2020年，财政部、国家发展改革委、国家能源局《关于促进非水可再生能源发电健康发展的若干意见》提出：一是坚持以收定支原则，新增补贴项目规模由新增补贴收入决定，做到新增项目不新欠；二是开源节流，通过多种方式增加补贴收入、减少不合规补贴需求，缓解存量项目补贴压力；三是凡符合条件的存量项目均纳入补贴清单；四是部门间相互配合，增强政策协同性，对不同可再生能源发电项目实施分类管理。

创新绿色电力证书、绿色电力交易等机制，促进可再生能源消纳。绿色电力证书是政府主管部门对发电企业每兆瓦时非水可再生能源上网电量颁发的具有独特标识代码的电子证书，是非水可再生能源发电量的确认和属性证明以及消费绿色电力的唯一凭证，是支撑可再生能源发展的一项政策工具。2017年1月18日，国家发展改革委、财政部、国家能源局联合印发《关于试行可再生能源绿色电力证书核发及自愿认购交易制度的通知》（以下简称《通知》），进一步完善风电、光伏发电的补贴机制。《通知》要求建立可再生能源绿色电力证书自愿认购体系，鼓励各级政府机关、企事业单位、社会机构和个人在全国绿色电力证书核发和认购平台上自愿认购绿色电力证书。绿色电力主要为风电和光伏发电企业上网电量，条件成熟时，可逐步扩大至符合条件的水电；初期，绿色电力交易将优先组织未纳入国家可再生能源电价附加补助政策范围内的风电和光伏电量参与，电力用户主要选取具有绿色电力消费需求的用电企业。随着全社会绿色电力消费意识的形成，逐步引导电动汽车、储能等新兴市场主体参与。交易方式上，鼓励电力用户与新能源发电企业直接交易，也可向电网企业购买其保障收购的绿色电力产品。绿色电力产品是一种全新的、特殊的电力商品。绿色电力交易的开展，短期可以解决各类企业缺乏购买绿色电力途径的问题，中长期可以促进新能源的发展和能源转型，远期将对全社会的绿色生产生活方式，对人们绿色消费、绿色生活、绿色价值理念的培育起到深远的影响。绿色电力交易试点启动后，共17个省份259家市场主体参与首批交易，达成成交电量79.35亿千瓦·时。其中，国家电网公司经营区域成交电量68.98亿千瓦·时，南方电网公司经营区域成交电量10.37亿千瓦·时。本次交易预计将减少标煤燃烧243.60万吨，减排二氧化碳607.18万吨。

持续提升煤电机组清洁高效灵活性水平。2014年，国家发展改革委、环境保护部、国家能源局联合印发《煤电节能减排升级与改造行动计划（2014—2020年）》，分区域、分阶段对全国现役、新建煤电机组节能环保改造提出要求，即全国新建燃煤发电机组平均供电煤耗低于300克标准煤/（千瓦·时）；东部地区新建燃煤发电机组大气污染物排放浓度基本达到燃气轮机组排放限值，中部地区新建机组原则上接近或达到燃气轮机组排放限值，鼓励西部地区新建机组接近或达到燃气轮机组排放限值。到2020年，现役燃煤发电机组改造后平均供电煤耗低于310克/（千瓦·时），其中现役60万千瓦及以上机组（除空冷机组外）改造后平均供电煤耗低于300克/（千瓦·时）。东部地区现役30万千瓦及以上公用燃煤发电机组、10万千瓦及以上自备燃煤发电机组以及其他有条件的燃煤发电机组，改造后大气污染物排放浓度基本达到燃气轮机组排放限值。为落实"双碳"目标，2021年10月29日，国家发展改革委、国家能源局会同有关方面印发了《全国煤电机组改造升级实施方案》，提出按特定要求新建的煤电机组，除特定需求外，原则上采用超超临界且供电煤耗低于270克标准煤/（千瓦·时）的机组。设计工况下供电煤耗高于285克标准煤/（千瓦·时）的湿冷煤电机组和高于300克标准煤/（千瓦·时）的空冷煤电机组不允许新建。到2025年，全国火电平均供电煤耗降至300克标准煤/（千瓦·时）以下。对供电煤耗在300克标准煤/（千瓦·时）以上的煤电机组，应加快创造条件实施节能改造，对无法改造的机组逐步淘汰关停，并视情况将具备条件的转为应急备用电源。"十四五"期间，改造规模不低于3.5亿千瓦；鼓励现有燃煤发电机组替代供热，积极关停采暖和工业供汽小锅炉，对具备供热条件的纯凝机组开展供热改造，在落实热负荷需求的前提下，改造规模力争达到5 000万千瓦；存量煤电机组灵活性改造应改尽改，完成2亿千瓦，增加系统调节能力3 000万～4 000万千瓦，促进清洁能源消纳；实现煤电机组灵活制造规模1.5亿千瓦。

加强电网规划引导作用，提高输配电能力。"十三五"时期，新增投产特高压工程13项，"西电东送"规模累计增长1.3亿千瓦，年均增加2 600万千瓦。2020年，"西电东送"总规模达到2.7亿千瓦，较上年增长6.4%。其中，北通道7 389万千瓦，中通道13 588万千瓦，南通道5 572万千瓦，大气污染防治行动计划输电通道得到落实。2020年全国跨区送电6 474亿千瓦·时，较上年增长19.8%。其中，西南和华北是主要外送电区域，合计送出电量占全国跨区送电量的72.1%；西北送出电量2 767亿千瓦·时，比上年增长26.6%，拉动全国跨区送电增长10.4个百分点，缓解了西北部分省份"弃风弃光"局面。"十三五"以来，全国年均新增跨区送电量632.6亿千瓦·时，年均增速14.4%。2021年，《中华人民共和国国民经济和社会发展第十四个五年规划和2035年远景目标纲要》发布，提出"提高特高压输电通道利用率。加快电网基础设施智能化改造和智能微电网建设，提高电力系统互补互济和智能调节能力，加强源网荷储衔接，提升清洁能源消纳和存储能力，提升向边远地区输配电能力""建设雅鲁藏布江下游水电基地。建设金沙江上下游、雅砻江流域、黄河上游和几字湾、河西走廊、新疆、冀北、松辽等清洁能源基地，建设广东、福建、浙江、江苏、山东等海上风电基地""建设白鹤滩至华东、金沙江上游外送等特高压输电通道，实施闽粤联网、川渝特高压交流工程。研究论证陇东至山东、哈密至重庆等特高压输电通道"的电网建设规划。

3.1.3 推进碳市场建设

碳市场是国际社会公认的重要的减碳政策工具之一，具有坚实的理论基础和实践经验。与行政指令、碳税、碳排放强制标准、可再生能源消纳保障机制等相关政策措施相比，以"总量—交易"（cap and trade）为特点的碳市场机制整体减排目标更加明确，通过市场竞争形成的碳价能有效引导碳排放配额从减排成本低的排放主体流向减排成本高的排放主体，激发企业和个人的减排积极性，有利于促进低成本减碳，实现全社会范围内的排放配额资源优化配置。

开展碳排放权交易试点工作。2011年3月，《中华人民共和国国民经济和社会发展第十二个五年规划纲要》明确要求逐步建立碳排放权交易市场。同年11月29日，国家发展改革委办公厅印发《关于开展碳排放权交易试点工作的通知》，正式批准北京、天津、上海、重庆、湖北、广东及深圳开展碳排放权交易试点工作。2017年12月18日，国家发展改革委印发《全国碳排放权交易市场建设方案（发电行业）》，提出分基础建设期、模拟运行期、深化完善期三阶段稳步推进碳市场建设工作。

持续完善全国碳市场制度体系建设。2020年12月29日，生态环境部发布《2019—2020年全国碳排放权交易配额总量设定与分配实施方案（发电行业）》和《纳入2019—2020年全国碳排放权交易配额管理的重点排放单位名单》，明确了碳市场第一个履约周期配额分配方案。2020年12月31日，生态环境部发布《碳排放权交易管理办法（试行）》，包括总则、温室气体重点排放单位、分配与登记、排放交易、排放核查与配额清缴、监督管理、罚则、附则等八章43条，适用于碳排放配额分配和清缴，碳排放权登记、交易、结算，温室气体排放报告与核查等活动，以及对前述活动的监督管理，为落实和推进全国碳排放权交易市场建设，促进碳市场在应对气候变化和促进绿色低碳发展中的市场机制作用，以及规范全国碳排放权交易及相关活动奠定了法律基础。2021年以来，生态环境部陆续发布了《关于加强企业温室气体排放报告管理相关工作的通知》、《企业温室气体排放报告核查指南（试行）》、《碳排放权登记管理规则（试行）》、《碳排放权交易管理规则（试行）》和《碳排放权结算管理规则（试行）》，明确了企业温室气体排放报告，核查技术规范和碳排放权登记、交易、结算三项管理规则，初步构建起全国碳市场制度体系。

启动全国碳市场上线交易。2021年7月16日，全国碳市场首个履约周期正式启动，纳入发电行业重点排放单位2 162家，覆盖约45亿吨二氧化碳排放量，是全球规模最大的碳市场。截至2021年12月13日，全国碳排放权交易市场上线已100个交易日，全国碳市场碳排放配额（CEA）累计成交量84 948 228吨，累计成交额35亿元，开盘（当日第一笔成交价）最高价58.70元/吨，最低价38.50元/吨；收盘（当日加权平均价）最高价58.70元/吨，最低价41.46元/吨；挂牌协议成交均价为45.68元/吨；大宗协议成交均价为40.32元/吨。

建立温室气体自愿减排交易机制。2012年6月，国家发展改革委发布《温室气体自愿减排交易管理暂行办法》，明确温室气体自愿减排交易机制支持对可再生能源等项目的温室气体减排效果进行量化核证，经核证后的减排量可进入市场交易。截至2021年9月30日，自愿减排交易累计成交量超过3.34亿吨二氧化碳当量，成交额逾29.51亿元。2021年12月，生态环境部发布了《碳排放权交易管理办法（试行）》，规定"重点排放单位每年可以使用国家核证自愿减排量抵销碳排放配额的清缴，抵销比例不得超过应清缴碳排放配额的5%"。

3.2　行动与成效

3.2.1　低碳电力生产

非化石能源发电比重大幅提升。非化石能源发电主要包括水电、风电、太阳能发电、核电、生物质发电、余压发电、地热发电、海洋发电等电源类型，[2] 具有低碳排放特点，替代高碳属性的化石能源发电具有显著的降碳效应。自中华人民共和国成立到21世纪末，中国电源结构总体呈"水火二元化"特征，非化石能源发电主要为水电。2000年以后，中国水电、核电保持稳步增长，新能源发电实现快速增长，生物质发电、余压发电等有所发展。截至2020年年底，全国全口径非化石能源发电装机容量98 566万千瓦，比重达到44.8%，较2000年提高19.2个百分点。2020年，非化石能源发电量25 830亿千瓦·时，比重达到33.9%，比2000年提高14.8个百分点，有力支撑了中国非化石能源消费占一次能源消费比重到2020年达到15%的约束性指标的实现。[3]

2000—2020年中国非化石能源装机、发电量及相应比重情况见图3-1至图3-4。

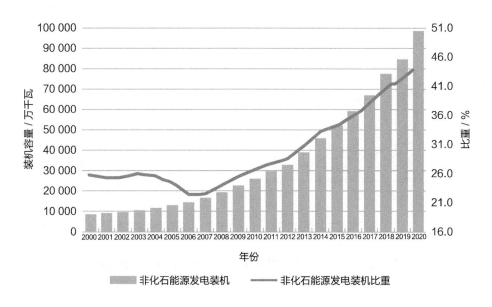

图3-1　2000—2020年中国非化石能源装机及比重情况

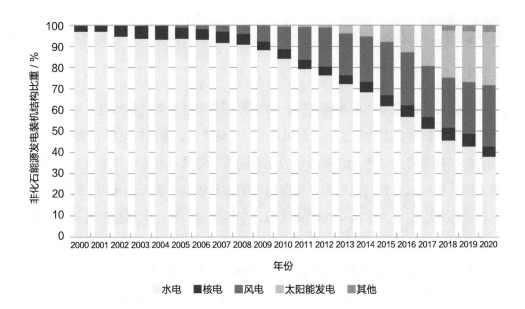

图3-2　2000—2020年中国非化石能源装机构成情况

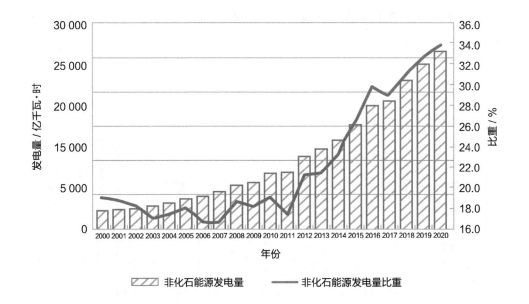

图3-3　2000—2020年中国非化石能源发电量及比重情况

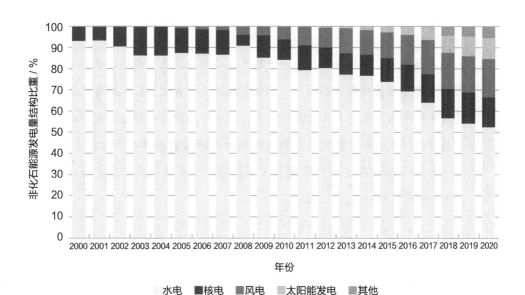

图3-4 2000—2020年中国非化石能源发电量构成情况

专栏3-1

中美、中欧非化石能源发电对比情况及启示

根据英国石油公司（BP）公布的《世界能源统计年鉴（2021）》（*Statistical Review of World Energy* 2021），2020年，中国、美国、欧盟（以下简称中、美、欧）总发电量分别为7.78万亿千瓦·时、4.29万亿千瓦·时、2.77万亿千瓦·时，分别比2010年增加45.9%、- 2.5%、-7.7%；其中，中、美、欧非化石能源发电量分别为2.55万亿千瓦·时、1.67万亿千瓦·时、1.74万亿千瓦·时，分别比2010年增加66.2%、23.4%、13.4%；中、美、欧非化石能源发电比重分别为32.8%、39.0%、62.8%，分别比2010年增加12.3个百分点、9.9个百分点、12.3个百分点。

总体来看，2010—2020年，中国非化石能源发电量快速增长，非化石能源发电量分别于2014年、2016年超过美国和欧盟；中国非化石能源发电量占总发电量比重持续提高，近十年来的增幅超过美国，与欧盟持平，反映出中国发电结构持续快速向清洁低碳转型的特征。

2010—2020年美国、欧盟非化石能源发电量及构成情况见专栏图3-1和专栏图3-2。

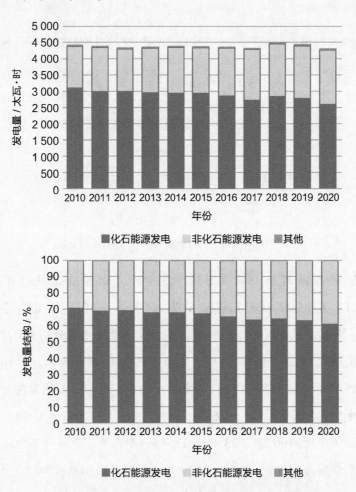

专栏图3-1　2010—2020年美国发电量结构变化

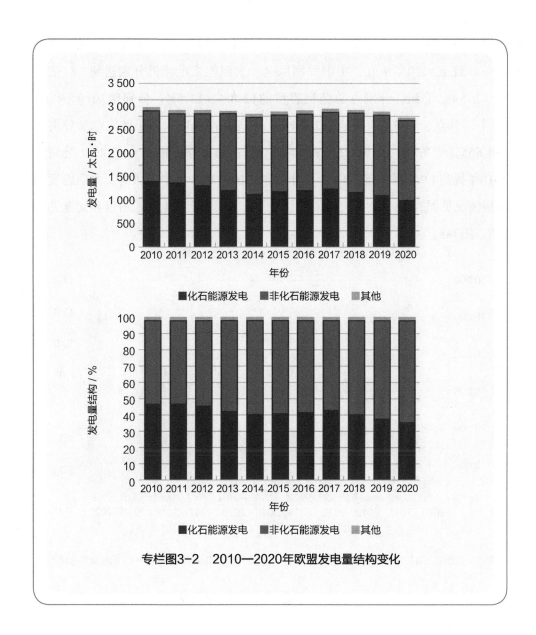

专栏图3-2　2010—2020年欧盟发电量结构变化

　　以风、光为代表的新能源发电实现跨越式发展。[4]中国新能源发电起步于20世纪80年代，1983年建成第一座光伏电站，1986年建成第一座并网风电场，但直至2005年《中华人民共和国可再生能源法》颁布后才开始发力，进入"十二五"时期后实现跨越式发展，2011年风电装机破4 000万千瓦，超越美国成为世界第一；2015年光伏发电装机破4 000万千瓦，超越德国成为世界第一。截至2020年年底，中国并网风电、太阳能发电装机分别达到2.82亿千瓦、2.54亿千瓦，分别占总装机容量的12.8%、11.5%，分别比2010年提高9.7个百分点、11.5个百分点。2020年，中国并网风电、太阳能发电量分别达到4 665亿千瓦·时、2 611亿千瓦·时，分别占总发电量的6.1%、3.4%，分别比2010年提高4.9个百分点、3.4个百分点。2010—2020年中国风电、太阳能发电发展情况见图3-5、图3-6；2020年中国风电、太阳能发电装机占世界比重见图3-7、图3-8。

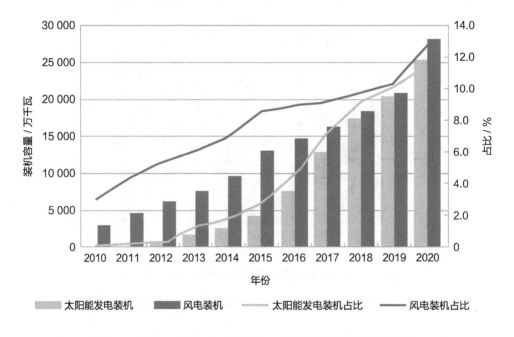

图3-5　2010—2020年中国风电、太阳能发电装机及比重情况

以煤电为主的化石能源发电更加清洁高效灵活。受能源资源禀赋制约，长期以来中国电源结构以火电为主，特别是煤电占绝对比重，预计在未来一段时期仍将保持该特征。火电技术成熟、成本经济、运行稳定，但污染治理与碳减排是重要制约。经过四十余年努力，中国火电厂废气、废水、固废等主要污染

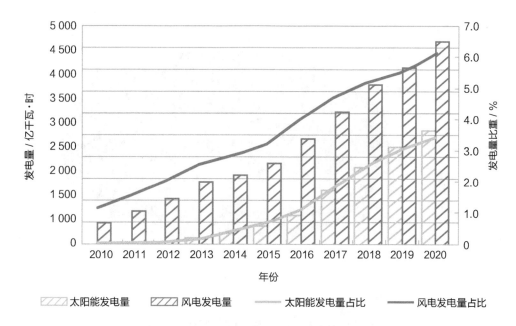

图3-6 2010—2020年中国风电、太阳能发电量及比重情况

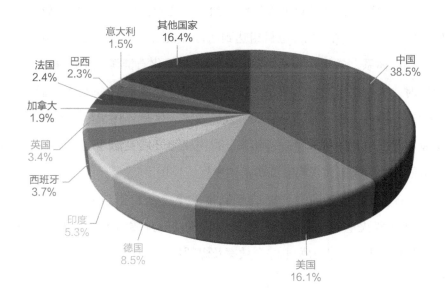

图3-7 2020年中国风电装机容量占世界比重[8]

---

[8] 数据来源：*BP Statistical Review of World Energy* 2021。

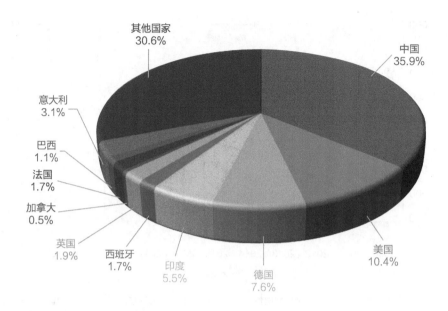

图3-8　2020年中国太阳能发电装机容量占世界比重[9]

物得到有效治理，特别是煤电大气污染治理已达到世界先进水平。截至2020年年底，已有超过9.5亿千瓦煤电机组达到超低排放限值，中国已建成世界上最大的清洁煤电体系，常规污染物控制已不再是制约化石能源发电的主要约束。[5]与此同时，火电机组通过创新发电技术、节能降耗改造、加强运维管理、推进热电联产等多种措施，不断提升火电发电效率、优化煤耗指标，大幅降低单位火电发电量二氧化碳排放量。近年来，煤电机组开展灵活性改造，提升电力系统调节能力，为满足大规模新能源消纳发挥了作用。

2016—2020年全国累计完成超低排放煤电装机容量及比重见图3-9；2005—2020年火电行业主要大气污染物排放量及排放绩效情况见图3-10和图3-11；2000—2020年火力发电综合效率及煤耗情况见图3-12。

---

[9] 数据来源：*BP Statistical Review of World Energy* 2021。

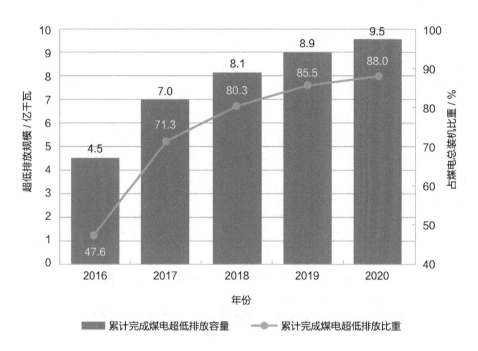

图3-9 2016—2020年煤电节能与超低排放改造情况

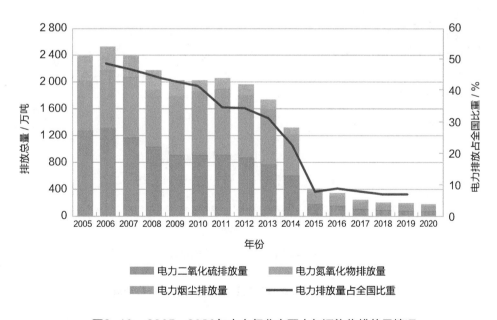

图3-10 2005—2020年火电行业主要大气污染物排放量情况

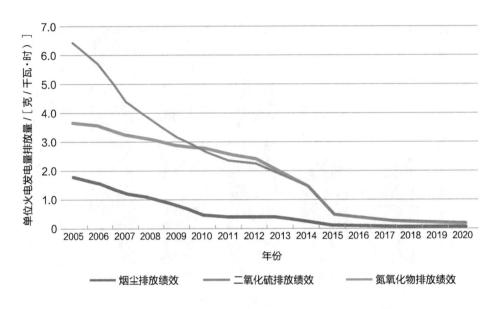

图3-11　2005—2020年火电行业主要大气污染物排放绩效情况

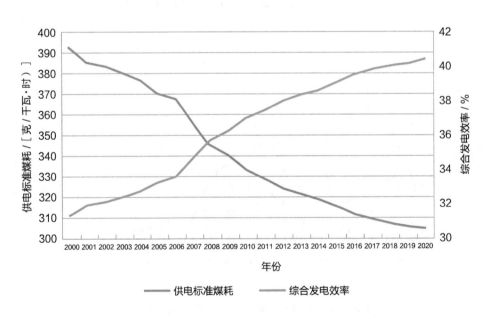

图3-12　2000—2020年火力发电综合效率及煤耗情况

以特高压为主干架的坚强电网支撑电能远程输送与优化配置。经过多年发展、改造与升级，中国已建成世界上规模最大、安全性最高、适应电能大范围传输、促进新能源优化配置的电网系统。

3.2.2 低碳电力消费

电力消费需求保持增长，电力消费结构持续优化。2020年，全国全社会用电量为75 214亿千瓦·时，第一、第二、第三产业和城乡居民生活用电量占全社会用电量的比重分别为1.1%、68.2%、16.1%和14.6%。"十三五"时期全社会用电量年均增速为5.7%。与2010年相比，第三产业和城乡居民生活用电量占比分别提高5.4个百分点和2.4个百分点，其中信息传输、软件和信息技术服务业用电量持续高速增长；第二产业用电量占比降低6.7个百分点。

2010—2020年中国全社会用电量及电力消费结构变化情况见图3-13和图3-14。

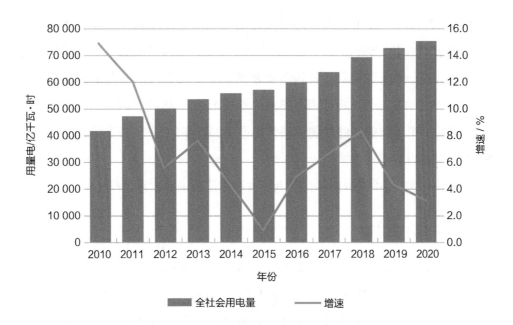

图3-13　2010—2020年全社会用电量及增速情况

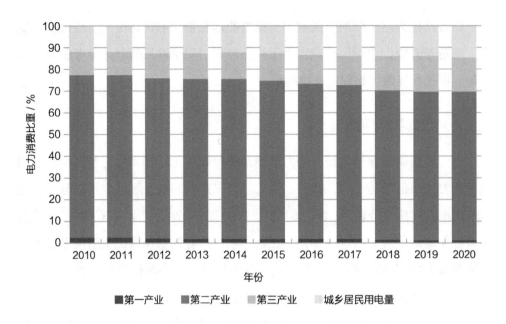

图3-14 2010—2020年全社会用电量构成

电能替代水平逐年提高,终端用能电气化水平持续提升。电能替代是终端能源清洁利用的重要途径,主要集中在工(农)业生产制造、交通运输、清洁采暖、电力供应与消费及其他重要领域。"十三五"期间,中国累计完成替代电量8 241亿千瓦·时,相当于减少燃煤消耗2.5亿吨、减少二氧化碳排放约7.0亿吨;中国电能占终端能源消费比重由2015年的22.1%提高到2020年的约27.0%,高于世界平均水平17%。

2016—2020年中国电能替代和电能占终端能源消费比重情况见图3-15。

3.2.3 低碳电力技术

电力技术主要包括发电、输电与变电、配电与用电等技术,更高效、更清洁、更经济是电力技术发展的基本动力。火电技术方面,技术和装备不断向高参数、大容量、高效能及低排放方向发展,在超超临界燃煤发电技术、循环流化床燃烧技术、空冷技术、超低排放技术等方面已达到世界先进水平,

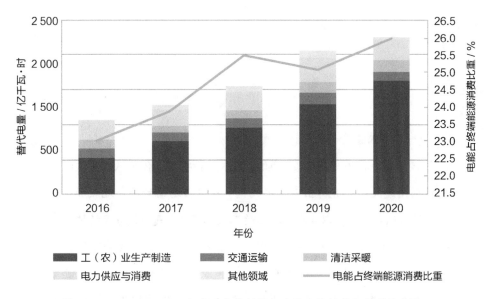

图3-15　2016—2020年中国电能替代和电能占终端能源消费比重情况

整体煤气化联合循环发电技术（IGCC），燃煤电厂碳捕获、利用与封存技术（CCUS）已实现工程示范与应用。水电技术方面，规划设计、大坝施工、大型水电机组成套、设计、制造等都居于世界领先水平，具有自主知识产权的全球最大单机容量100万千瓦水电机组投运。核电技术方面，已掌握百万千瓦级压水堆核电站设计和建造技术，小型堆、四代堆等新一代核能系统研发取得突破。新能源发电技术快速迭代，成本快速下降，已经具备了最大单机容量达10兆瓦的全系列风电机组制造能力，风电技术水平和制造规模位居世界前列，整机制造产量占全球总产量四成以上；光伏电池转换效率不断刷新世界纪录，光伏制造业领先世界，多晶硅、光伏电池、光伏组件产量均超过全球总产量的2/3。电网技术方面，全面掌握特高压输电技术，柔性直流、多端直流等先进技术，在电网安全高效运行、互联网与电网应用融合、用能高效转换与供需互动、新能源与储能并网控制、电工新材料与器件、高端电工装备等方面取得突破。电力技术发展在降碳方面实现突破与创新，为构建以新能源为主体的新型电力系统提供了技术支撑。

专栏3-2

碳捕集、利用与封存技术

一、技术简介

碳捕集、利用与封存（CCUS）技术是指将二氧化碳从工业过程、能源利用或大气中分离出来，经捕集、压缩并运输到特定地点加以利用或注入储层封存，以实现被捕集的二氧化碳与大气长期分离的技术。CCUS技术按流程分为二氧化碳捕集、输送、利用和封存等环节。

二氧化碳捕集是指从工业生产、能源利用或大气中分离、收集二氧化碳，并净化和压缩的过程。主要分为燃烧前捕集、燃烧后捕集、富氧燃烧和化学链捕集。其中，以燃烧后捕集方式应用最广、技术最为成熟。

二氧化碳输送是指将捕集的二氧化碳运送到利用或封存地的过程，是捕集、利用和封存阶段间的必要连接。根据运输方式分为罐车运输、船舶运输和管道运输。当前主要通过管道运输压缩的二氧化碳，在海运便利的地方，液态二氧化碳也可以通过船舶输送。

二氧化碳利用是指通过工程技术手段将捕集的二氧化碳实现资源化利用的过程。即减少二氧化碳排放的同时实现能源增产增效、矿产资源增采、化学品转化合成、生物农产品增产利用和消费品生产利用等，可以创造一定的经济利益，降低CCUS技术的总体成本。

二氧化碳封存是指通过工程技术手段将捕集的二氧化碳注入深部地质储层，实现二氧化碳与大气长期隔绝。地质封存是应用最广泛的碳封存技术，适宜二氧化碳地质封存的结构一般包括海底盐沼池、衰竭油气藏、煤层和盐水层等地质体。此外，还可以通过化学反应将二氧化碳转化成无机矿物碳酸盐从而达到几乎永久性的储存，但长期安全性和可靠性仍存在不确定性。

二、全球CCUS技术应用现状

据全球碳捕集与封存研究院（GCCSI）统计，截至2020年年底，全球共有65个CCUS商业项目，其中，26个在运行。加拿大、美国及欧洲等发达国家和地区在大规模碳捕集工业示范上走在前列。加拿大边界大坝（Boundary Dam）电站烟气二氧化碳捕集工程是全球首个燃煤电站百万吨/年二氧化碳捕集项目，于2014年10月正式投入运营，每年可捕集约100万吨二氧化碳，通过管道输送至萨斯喀彻温省Weyburn油田用于提高石油采收率。美国的佩特拉诺瓦（Petra Nova）项目是世界上最大的燃烧后碳捕集系统，于2017年投运，装机容量240兆瓦，每年捕集140万吨二氧化碳并用于提高石油采收率。澳大利亚高更（Gorgon）项目是世界上最大的地质封存项目，2019年8月运行，每年捕集并封存340万～400万吨二氧化碳。日本Osaki CoolGen碳捕集示范项目于2019年12月开始测试，从166兆瓦的整体煤气化联合循环电厂中捕集二氧化碳。英国的BECCS试点项目是全球首个用于100%生物质能发电的碳捕集示范项目，如果项目全面投产，则该电站将成为世界首座负排放电站。

三、国内CCUS技术应用现状

相比国外，我国CCUS项目起步较晚，已投运或建设中的CCUS示范项目多以石油、煤化工、电力行业小规模的捕集驱油示范为主。目前已建成数套10万吨级以上的二氧化碳捕集示范装置，采用的捕集技术覆盖了燃煤电厂的燃烧前、富氧燃烧以及燃烧后多种技术，广泛应用于燃气电厂燃烧后捕集与煤化工捕集示范项目。

截至"十二五"末,我国碳捕集技术已经具备了大规模示范的条件,中国华能集团有限公司(华能)、中国石油化工集团有限公司(中石化)、中国石油天然气集团有限公司(中石油)、中国神华能源股份有限公司(神华)等启动了一批规模为10万～30万吨/年的碳捕集全流程示范项目。例如,华能上海石洞口电力实业有限公司(上海石洞口)12万吨/年燃烧后捕集工程和中石化胜利石油管理局有限公司胜利发电厂4万吨/年烟气二氧化碳捕集工程。"十三五"期间开展了一大批碳捕集利用工程示范,2019年5月江苏华电句容发电有限公司1万吨碳捕集工程投运,2020年9月由华能清洁能源技术研究院有限公司研发的国内首套1 000吨/年相变型二氧化碳捕集中试装置在长春热电厂实现稳定运行,2021年6月国华锦界电厂15万吨/年碳捕集和封存示范工程运行,二氧化碳捕集率达到90%以上,纯度达到99.5%以上。2019年4月,国家能源投资集团鄂尔多斯CCUS项目已累计注入30万吨二氧化碳,并完成一系列研究、试验。国家能源集团泰州发电有限公司正在开展50万吨/年碳捕集利用示范工程的可行性研究。当前在建的齐鲁石化—胜利油田CCUS项目为全国首个百万吨级CCUS项目,2021年年底投产,建成后中石化齐鲁石化公司可将捕集的二氧化碳运送至胜利油田进行驱油与封存。

四、CCUS技术减碳水平及发展潜力

在国家"双碳"目标推进过程中,CCUS将有望为高碳行业提供降碳减碳的措施和发展空间,尤其是当燃烧后捕集技术得以规模化发展应用时。同时,CCUS的发展也给实现二氧化碳的规模化利用、经济效益的实现提供了可能性。

目前,除了技术发展因素外,经济因素是制约CCUS发展的主要"瓶颈"，如何实现大规模、具备经济效益的应用是亟待解决的问题。CCUS由于技术难度高、投资比较大，具备一定的规模效应，比较适合应用于碳排放量大且二氧化碳浓度相对高的行业或工业设施，例如，发电、钢铁、化工、建筑、石化等行业。

3.2.4 电力体制改革

电能兼具公用性与商品性，电力体制改革总思路就是在两者间界定清晰合理的界限，保障电能充足安全可靠供应、电价处于合理区间、促进电能高效清洁低碳。[6]改革开放以来，中国电力体制改革大致经历了五个阶段：1978—1988年，集资办电解决电力供应短缺问题；1988—1996年，破解电力工业政企合一问题；1996—2002年，政企分开强化企业市场主体地位；2002—2012年，厂网分开与电力市场的初步发育；2012年至今，电力市场化建设深化。2015年，中共中央、国务院印发《关于进一步深化电力体制改革的若干意见》，为新一轮电力体制改革确定了原则、思路和重点任务。"十三五"期间，统一开放、高效运转、有效竞争的电力市场体系加快建设，峰谷电价价差适度拉大，丰枯分时电价时段科学划分，电力现货市场建设试点范围逐步扩大，辅助服务市场机制加快完善，容量市场和输电权市场建设有序开展，电力体制改革方向更加强调促进新能源发展，从理顺电价机制、完善交易机制、推进售电侧改革、开放电网公平接入等方面为新能源消纳提供支撑。[7]

3.2.5 低碳发展成效

电力行业既是碳排放的主要领域，又是碳减排的重要途径。通过持续提高非化石能源发电比重，不断优化化石能源发电结构，采取多种措施促进电力系统节能降耗，电力行业碳排放强度持续下降，削减碳排放的效能不断提高，为落实国家"双碳"目标做出了积极贡献。

根据国际能源署（IEA）数据，2018年，中国电力行业（包括热力生产）二氧化碳排放总量为49.2亿吨，占全国碳排放总量比重为51.4%。

2000—2020年中国电热生产二氧化碳排放量及比重见图3-16。

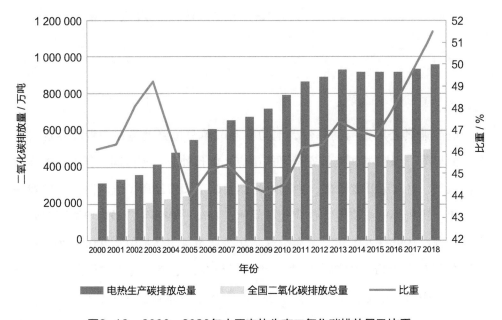

图3-16　2000—2020年中国电热生产二氧化碳排放量及比重

专栏3-3

中国、美国、欧盟、OECD电力碳排放情况比较

根据国际能源署数据，2018年，中国、美国、欧盟、经济合作与发展组织（OECD）电力行业（包括热力生产）二氧化碳排放总量分别为49.2亿吨、18.5亿吨、10.5亿吨、43.5亿吨。与2000年相比，2018年中国电力行业二氧化碳排放总量增长了239.5%，美

国、欧盟、OECD电力行业二氧化碳排放总量分别降低了27.1%、25.1%、13.3%。2000—2018年，中国电力行业二氧化碳排放总量平均增速为7.03%，高于中国二氧化碳排放总量平均增速（6.39%）。2018年，中国、美国、欧盟、OECD电力行业二氧化碳排放总量比重分别为51.4%、37.6%、33.3%、37.3%，分别较2020年提高5.3个百分点、-6.7个百分点、-3.7个百分点、-2.6个百分点。

总体来看，中国电力二氧化碳排放总量呈较快增长趋势，且比重有所提高；美国、欧盟、OECD电力二氧化碳排放总量呈缓慢下降趋势，占各国或地区碳排放总量比重有所下降。

2000—2018年，中国、美国、欧盟、OECD电力二氧化碳排放量情况及比重情况见专栏图3-3和专栏图3-4。

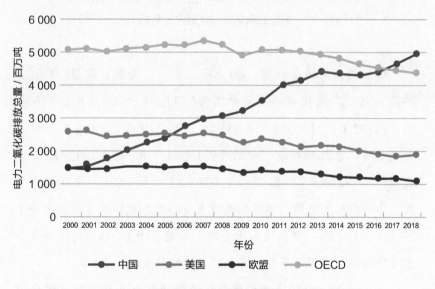

专栏图3-3　2000—2018年中国、美国、欧盟、OECD
电力二氧化碳排放量情况

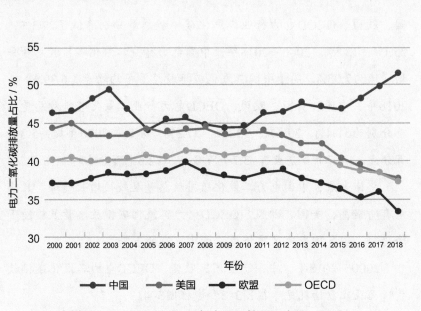

专栏图3-4 2000—2018年中国、美国、欧盟、OECD
电力二氧化碳排放量占比情况

根据国际能源署数据，2015年，中国、美国、欧盟、OECD单位发电量二氧化碳排放量分别为657克/（千瓦·时）、456克/（千瓦·时）、315克/（千瓦·时）、404克/（千瓦·时）；单位煤电发电量二氧化碳排放量分别为911克/（千瓦·时）、929克/（千瓦·时）、928克/（千瓦·时）、938克/（千瓦·时）。与2000年相比，中国单位发电量、单位煤电发电量二氧化碳排放量分别下降了27.32%、18.15%，降幅均高于美国、欧盟、OECD相应的碳排放强度下降幅度，特别是煤电碳排放强度降幅较大。

总体来看，中国通过发展非化石能源发电和提高煤电机组效率，在降低电力碳排放强度方面取得较为显著的成效。中国煤电机组碳排放强度自2013年起已超过美国、欧盟、OECD水平，近年来，中国煤电机组仍持续推进节能提效和热电联产，机组效率进一步提升，煤电机组碳排放强度持续下降。

2000—2015年中国、美国、欧盟、OECD单位发电量、单位煤电发电量二氧化碳排放强度情况见专栏图3-5和专栏图3-6。

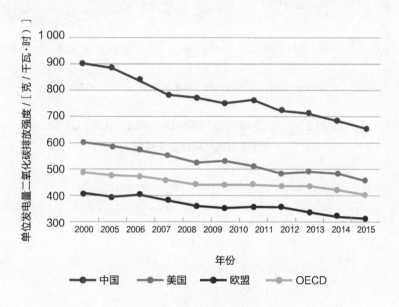

专栏图3-5　2000—2015年中国、美国、欧盟、OECD
单位发电量二氧化碳排放强度情况

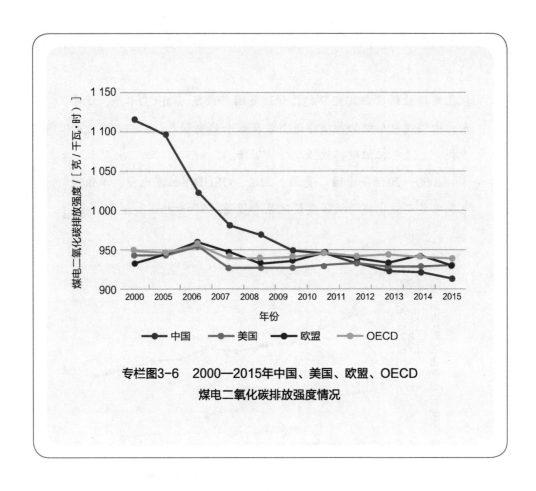

专栏图3-6　2000—2015年中国、美国、欧盟、OECD
煤电二氧化碳排放强度情况

"双碳"目标下中国低碳电力展望

4.1 发展趋势

　　总体来看，中国经济社会长期向好的基本面没有改变，电力作为支撑经济社会发展的基础性、公用性产业也将持续增长。电力需求方面，以国内大循环为主体、国内国际双循环相互促进的新发展格局将带动用电持续增长，新动能、新业态、新基建、新型城镇化建设将成为拉动用电增长的主要动力，提高电气化水平已成为时代发展的大趋势，也是能源电力清洁低碳转型的必然要求。电力供给方面，可再生能源将成为能源电力增量的主体，清洁能源发电装机与发电量占比持续提高；风电、光伏发电等新能源保持合理发展；煤电有序、清洁、灵活、高效发展，煤电的功能定位将向托底保供和系统调节型电源转变；储能技术在电力系统各环节中的应用更加广泛；电网在消纳非化石能源发电、保障电力系统安全稳定运行、灵活性调节等方面的能力将进一步提升。安全、低碳、智能、经济既是电力发展特征的体现，又是电力转型的约束性要求。[8][14]

4.2 目标路径

　　根据中电联《电力行业碳达峰碳中和发展路径研究》，综合考虑电力安全、低碳、技术、经济等关键因素，电力需求方面，预计"十四五"时期中国全社会用电量年均增速保持在4.8%，到2025年全社会用电量达到9.5万亿千瓦·时；"十五五"时期全社会用电量年均增速约3.6%，到2030年将达到11.3万亿千瓦·时；2020—2035年年均增速为3.6%，到2035年全社会用电量将达到12.6万亿千瓦·时。电力构成方面，考虑以发展新能源发电为主要拉动力以及新能源发电在参与电力平衡中的特点，非化石能源发电比重将持续大幅提高；在发展初期，为保障电力系统安全稳定运行，仍需要新增一定规模煤电发挥"托底保供"作用；煤电在"十五五"后期达到峰值后将缓慢下降，随着电力系统调节能力的提高，煤电替代规模和速度将持续提升；随着储能技术逐步成熟与成本更加经济，电力系统调节能力得到提升，进一步加快新能源发展。预计到2025年、2030年、2035年中国非化石能源发电装机比重分别达到52%、59%、67%。

主要年份中国电力需求与电力构成预测情况见表4-1。

表4-1 主要年份中国电力需求与电力构成预测

	2020年	2025年	2030年	2035年
全社会用电量 / 万亿千瓦·时	7.5	9.5	11.3	12.6
总装机容量 / 亿千瓦	22.0	29.0	38.5	50.4
非化石能源发电装机比重 / %	45	52	59	67
常规水电 / 亿千瓦	3.40	3.8	4.4	4.8
抽水蓄能 / 亿千瓦	0.31	0.65	1.2	1.5
核电 / 亿千瓦	0.50	0.8	1.3	1.8
风电 / 亿千瓦	2.82	4.0	9.0	10.0
太阳能发电 / 亿千瓦	2.53	5.0	9.0	15.0

电力行业"双碳"路径总体可划分为平台期、稳中有降、加速下降三个阶段。[9] [10] [15] 其中，2030年前处于平台期阶段，电力碳排放总量进入平台期并达到峰值。"十四五"期间我国用电增速较快，新增用电需求主要由非化石能源发电满足，化石能源发电增速放缓，碳排放增速亦放缓；"十五五"期间电力行业碳排放达到峰值，电力增长开始与碳排放增长脱钩。稳中有降阶段持续5~10年，储能技术全面成熟、电动汽车广泛参与调节、电力需求侧管理能力进一步提升，电力系统调节能力实现根本性突破，为支撑更大规模新能源发电奠定了基础，化石能源替代达到"拐点"，带动电力行业碳排放下降。

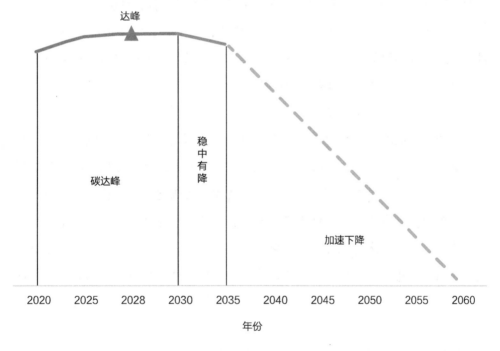

图4-1　电力行业实现碳达峰碳中和的"三个阶段"

4.3　主要措施

（1）大力发展非化石能源发电

在新能源发电方面，保持风电、光伏发电合理发展，在风能、太阳能资源富集区加快建设清洁化综合电源基地，实现新能源集约、高效开发；在用电负荷中心地区稳步发展分散式风电、低风速风电、分布式光伏，在东部沿海地区大力推动海上风电项目建设，在中西部地区有序建设光热发电项目。积极推进风电、光伏平价上网示范项目建设，控制限电严重地区风电、光伏发电建设规模。

在常规水电方面，统筹优化水电开发利用，坚持生态保护优先，妥善解决移民安置问题，积极稳妥推进西南水电基地建设，严控小水电开发。完善流域综合监测平台建设，加强水电流域综合管理，推动建立以战略性枢纽工程为核心的流域梯级联合调度体系，实现跨流域跨区域的统筹优化调度。

在核电方面，统筹兼顾安全性和经济性，核准建设沿海地区三代核电项目，做好内陆与沿海核电厂址保护。根据市场需求，适时推进沿海核电机组实施热电联产，实现核电合理布局与可持续均衡发展。

（2）推动煤电高质量发展

按照"控制增量、优化存量、淘汰落后"的原则，管理好煤电项目。以安全为基础、需求为导向，发挥煤电"托底保供"和系统调节作用，服务新能源发展。严格控制煤电新增规模，在布局上优先考虑煤电一体化项目，有效解决煤炭与煤电协调发展问题；优先考虑发挥在运特高压跨区输电通道作用，有序推进西部、北部地区大型煤电一体化能源基地开发；采取等容量置换措施或通过碳排放总量指标市场化交易方式，在东中部地区严控煤电规模的同时，合理安排煤电项目；统筹区域供热需求和压减散煤消费要求，稳妥有序发展高效燃煤热电联产。

推动煤电机组延寿工作，科学推进运行状态良好的30万千瓦等级煤电机组延寿运行评估工作，建立合理煤电机组寿命评价机制，对煤电机组的延续运行进行科学管理。根据机组所在区域煤炭消费总量控制、系统接纳新能源能力等因素，结合机组技术寿命和调峰、调频、调压性能，开展煤电机组寿命差异化评价，拓展现役煤电机组的价值空间，充分发挥存量煤电机组的调节作用，有序开展煤电机组灵活性改造运行。

（3）提高电力系统调节能力

在煤电灵活性改造方面，大容量、高参数机组以承担基本负荷为主、适度调节为辅，充分提供电量保障。重点对30万千瓦及以下煤电机组进行灵活性改造，作为深度调峰的主力机组，部分具备条件的机组参与启停调峰。在新能源发电量占比高、弃风弃光较严重的地区，提高辅助服务补偿费用在总电费中的比重，激励煤电机组开展灵活性改造。优化煤电灵活性改造技术路线，确保机组安全经济运行。

在抽水蓄能建设方面，提升重点地区已核准的抽水蓄能电站建设。结合新能源基地开发，在"三北"地区规划建设抽水蓄能电站。统筹抽水蓄能在电力系统的经济价值与利益分配机制，理顺抽水蓄能电价机制，调动系统各方积极性，充分发挥抽水蓄能电站为电力系统提供备用、增强系统灵活调节能力的作用，促进抽水蓄能良性发展。

在储能技术发展方面，加大先进电池储能技术攻关力度，提升电储能安全保障能力建设，推动电储能在大规模可再生能源消纳、分布式发电、微电网、能源互联网等领域示范应用，推动电储能设施参与电力辅助服务，研究促进储能发展的价格政策，鼓励社会资本参与储能装置投资和建设，推动电储能在电源侧、电网侧、负荷侧实现多重价值。

在优化运行调度方面，充分利用大电网统一调度优势，深挖跨省跨区输电能力，完善省内、区域、跨区域电网备用共享机制。构建调度业务高度关联、运行控制高度协同、内外部信息便捷共享的一体化电力调控体系，充分发挥各类发电机组技术特性和能效作用，提高基荷机组利用效率。构建电网系统和新能源场站两级新能源功率预测体系，提升新能源功率预测准确率，全面提升清洁能源消纳水平。

在电网稳定运行方面，深入推进工业、建筑、交通领域的电能替代工作，积极推进源网荷储一体化和多能互补的发展，充分发挥城镇和乡村的"光储直柔"和有序用电的作用，大力发展虚拟电厂，提供用户聚合服务，深度挖掘需求侧响应能力，构建可灵活调节的多元负荷资源，推动电力调节由源随荷变转变为源荷互动。

（4）优化电网结构消纳清洁能源

优化电网主网架结构。构建受端区域电网1 000千伏特高压交流主网架，支撑特高压直流安全运行和电力疏散，满足大容量直流馈入需要；优化750千伏、500千伏电网网架结构，确保骨干电网可靠运行，总体形成送受端结构清晰、各级电网有机衔接、交直流协调发展的电网格局。

稳步推进跨区跨省输电通道建设。科学规划建设跨区输电通道，持续提升系统绿色清洁电力输送和调节能力，为更大规模输送西部新能源做好项目储备。配套电源与输电通道同步规划、同步建设、同步投产，建立新能源跨省跨区消纳交易机制，确保跨区输电工程效益的发挥，提高电力资源配置效率。

（5）发挥多元市场主体的减碳效用[12][13]

理顺多元市场衔接机制，完善绿色用能认证机制。随着国家"双碳"目标的提出，可再生能源电力消纳保障机制实施，能耗"双控"政策的重大调整和碳排放总量、强度"双控"目标的实施，用户自主减排与绿色电力消费意愿将不断增强。电力市场、碳排放权交易市场、绿色电力市场、可再生能源消纳责任权重市场等通过优化调整，发挥更为有效的作用。碳市场机制具有坚实的理论基础和实践经验，通过市场竞争形成的碳价能有效引导碳排放配额从减排成本低的排放主体流向减排成本高的排放主体，激发企业和个人的减排积极性，有利于促进低成本减碳，实现全社会范围内的排放配额资源优化配置。同时，电力市场化改革同步推进，有利于进一步激发市场活力、畅通电价传导机制。

未来包括电力市场、碳市场在内的能源市场体系必将逐步融合，实现电力资源在全国更大范围内的共享互济和优化配置，形成统一开放、竞争有序、安全高效、灵活完善的能源市场体系，充分发挥市场在气候容量资源配置中的决定性作用，加快构建以新能源为主体的新型电力系统，推动全社会逐渐形成减少碳排放意识，推动节能减碳的技术创新和技术应用，推动我国经济发展和产业结构低碳转型。

第三部分

主要建议

5

主要建议

5.1 政府方面

一是充分发挥电力规划引导和约束作用。统筹新形势、新要求及与相关规划衔接，科学制定电力规划并有效实施，发挥对电力低碳转型、系统优化的引导作用和对电力工程项目的约束作用；完善电力规划动态评估机制，开展第三方评估及滚动优化调整，形成监督透明、执行高效的规划监管体系。

二是以"双碳"目标统领电力相关政策。以碳减排为统领性和直接约束性目标，以系统整合、优化配置、协同增效为着力点，统筹和衔接电力发展、生态环境保护、资源节约与综合利用等相关政策，全面加强低碳与发展、改革、环保、节能等相关工作统筹融合，增强应对气候变化整体合力。

三是重视和防范电力系统新安全风险。"双碳"目标下构建新型电力系统具有可再生能源比例高、电子设备配置率高、气象条件依赖度高等新特点，要高度重视和解决好随机性、波动性可再生能源大规模接入电网，电子设备控制故障或遭受攻击，极端气象出现等电力系统新安全风险。[11]

5.2 行业方面

一是加强电力行业低碳标准化工作。电力低碳发展呈现"领域广、专业深、层级高"的特点，但适用于电力低碳发展的跨行业、跨领域、跨系统等方面的标准化工作却严重滞后，亟须加强电力低碳标准化工作，以支撑电力系统自身各环节协调和促进电力与相关领域协同发展。

二是发挥市场机制促进低成本减碳。继续完善支撑全国发电行业碳市场的监测报告与核查、配额分配、交易机制，逐步纳入其他重点控排行业，适当引入核证自愿减排量（CCER）、期货、碳汇等交易产品，增加碳市场流动性和活跃度。推动全国碳市场与电力市场协同发展，建立碳市场和电力市场联动机制，合理疏导碳成本。

5.3 企业方面

一是加快关键电力低碳技术创新发展。大力发展抽水蓄能、储氢等长时间尺度储能技术，积极研发化学电池储能等短时间尺度储能技术；实施智能电网技术迭代升级，发展可定制、可扩展、系统友好接纳各类能源和多元负荷电网技术；全面推动氢能技术创新；大力研发高效低能耗的碳捕集工艺和碳循环利用技术等。

二是发挥电力企业落实"双碳"目标主力军作用。电力是落实国家"双碳"目标的重要领域，电力企业需要提高政治站位，加强责任意识，主动作为，将碳达峰、碳中和目标和任务分解落实到能源电力生产经营相关领域，发挥电力企业落实"双碳"目标主力军作用。

附件1 中国低碳电力主要政策列表

序号	名称	发布单位	文号
1	决胜全面建成小康社会 夺取新时代中国特色社会主义伟大胜利——中国共产党第十九次全国代表大会报告	中共中央	—
2	关于制定国民经济和社会发展第十四个五年规划和2035年远景目标的建议	中共中央	—
3	关于完整准确全面贯彻新发展理念做好碳达峰碳中和工作的意见	中共中央、国务院	—
4	关于加快推进生态文明建设的意见	中共中央、国务院	中发〔2015〕12号
5	关于印发《生态文明体制改革总体方案》的通知	中共中央、国务院	中发〔2015〕25号
6	关于构建现代环境治理体系的指导意见	中共中央办公厅、国务院办公厅	—
7	关于积极应对气候变化的决议	全国人民代表大会常务委员会	—
8	国务院关于印发2030年前碳达峰行动方案的通知	国务院	国发〔2021〕23号
9	国务院关于落实《政府工作报告》重点工作部门分工的意见	国务院	国发〔2020〕6号
10	国务院关于落实《政府工作报告》重点工作部门分工的意见	国务院	国发〔2019〕8号
11	国务院关于落实《政府工作报告》重点工作部门分工的意见	国务院	国发〔2018〕9号
12	国务院关于促进天然气协调稳定发展的若干意见	国务院	国发〔2018〕31号
13	国务院关于开展2018年国务院大督查的通知	国务院	国发明电〔2018〕3号
14	国务院关于印发"十三五"控制温室气体排放工作方案的通知	国务院	国发〔2016〕61号
15	国务院关于加快发展节能环保产业的意见	国务院	国发〔2013〕30号

续表

序号	名称	发布单位	文号
16	国务院关于印发能源发展"十二五"规划的通知	国务院	国发〔2013〕2号
17	国务院关于促进光伏产业健康发展的若干意见	国务院	国发〔2013〕24号
18	国务院关于印发节能减排"十二五"规划的通知	国务院	国发〔2012〕40号
19	国务院关于印发"十二五"国家战略性新兴产业发展规划的通知	国务院	国发〔2012〕28号
20	国务院关于印发节能与新能源汽车产业发展规划（2012—2020年）的通知	国务院	国发〔2012〕22号
21	国务院关于印发"十二五"节能环保产业发展规划的通知	国务院	国发〔2012〕19号
22	国务院关于印发"十二五"控制温室气体排放工作方案的通知	国务院	国发〔2011〕41号
23	国务院关于印发《"十二五"节能减排综合性工作方案》的通知	国务院	国发〔2011〕26号
24	国务院关于进一步加强淘汰落后产能工作的通知	国务院	国发〔2010〕7号
25	国务院关于进一步加大工作力度确保实现"十一五"节能减排目标的通知	国务院	国发〔2010〕12号
26	国务院办公厅关于调整国家应对气候变化及节能减排工作领导小组组成人员的通知	国务院办公厅	国办函〔2019〕99号
27	国务院办公厅关于调整国家能源委员会组成人员的通知	国务院办公厅	国办函〔2019〕123号
28	国务院办公厅关于调整国家应对气候变化及节能减排工作领导小组组成人员的通知	国务院办公厅	国办发〔2018〕66号
29	国务院办公厅关于加快电动汽车充电基础设施建设的指导意见	国务院办公厅	国办发〔2015〕73号
30	国务院办公厅关于加强节能标准化工作的意见	国务院办公厅	国办发〔2015〕16号
31	国务院办公厅关于印发能源发展战略行动计划（2014—2020年）的通知	国务院办公厅	国办发〔2014〕31号

续表

序号	名称	发布单位	文号
32	国务院办公厅关于印发2014—2015年节能减排低碳发展行动方案	国务院办公厅	国办发〔2014〕23号
33	国务院办公厅转发发展改革委等部门关于加快推行合同能源管理促进节能服务产业发展意见的通知	国务院办公厅	国办发〔2010〕25号
34	国务院办公厅关于成立国家能源委员会的通知	国务院办公厅	国办发〔2010〕12号
35	国务院办公厅关于印发2009年节能减排工作安排的通知	国务院办公厅	国办发〔2009〕48号
36	国家发展改革委关于修改《产业结构调整指导目录（2011年本）》有关条款的决定	国家发展改革委	国家发展改革委令2013年第21号
37	重点用能单位节能管理办法	国家发展改革委、科技部等7部委	令2018年第15号
38	碳排放权交易管理暂行办法	国家发展改革委	国家发展改革委令2014年第17号
39	2013年各省自治区直辖市节能目标完成情况	国家发展改革委	国家发展改革委公告2014年第9号
40	2013年度电网企业实施电力需求侧管理目标责任完成情况	国家发展改革委	国家发展改革委公告2014年第7号
41	2014年度电网企业实施电力需求侧管理目标责任完成情况	国家发展改革委	国家发展改革委公告2015年第13号
42	国家重点推广的低碳技术目录	国家发展改革委	国家发展改革委公告2014年第13号
43	关于2016年度省级人民政府控制温室气体排放目标责任考核评价结果的公告	国家发展改革委	国家发展改革委公告2017年第25号
44	国家重点节能低碳技术推广目录（2014年本，节能部分）	国家发展改革委	国家发展改革委公告2014年第24号
45	国家重点推广的低碳技术目录（第二批）	国家发展改革委	国家发展改革委公告2015年第31号
46	国家重点节能技术推广目录（第六批）	国家发展改革委	国家发展改革委公告2013年第45号

续表

序号	名称	发布单位	文号
47	2012年万家企业节能目标责任考核结果	国家发展改革委	国家发展改革委公告2013年第44号
48	"节能产品惠民工程"高效电机推广目录（第五批）	国家发展改革委、财政部	公告2013年第42号
49	2012年度电网企业实施电力需求侧管理目标责任完成情况表	国家发展改革委	国家发展改革委公告2013年第38号
50	"节能产品惠民工程"高效节能配电变压器推广目录（第二批）	国家发展改革委、财政部、工业和信息化部	公告2013年第32号
51	节能服务公司备案名单（第五批）	国家发展改革委、财政部	公告2013年第29号
52	取消节能服务公司备案资格名单（第二批）	国家发展改革委、财政部	公告2013年第21号
53	战略性新兴产业重点产品和服务指导目录	国家发展改革委	国家发展改革委公告2013年第16号
54	关于深入推进供给侧结构性改革 做好新形势下电力需求侧管理工作的通知	国家发展改革委等6部门	发改运行规〔2017〕1690号
55	关于开展全国煤电机组改造升级的通知	国家发展改革委、国家能源局	发改运行〔2021〕1519号
56	关于做好2019年重点领域化解过剩产能工作的通知	国家发展改革委	发改运行〔2019〕785号
57	国家发展改革委 国家能源局关于规范优先发电优先购电计划管理的通知	国家发展改革委、国家能源局	发改运行〔2019〕144号
58	国家发展改革委 财政部关于完善电力应急机制做好电力需求侧管理城市综合试点工作的通知	国家发展改革委、财政部	发改运行〔2015〕703号
59	国家发展改革委 国家能源局关于改善电力运行调节促进清洁能源多发满发的指导意见	国家发展改革委、国家能源局	发改运行〔2015〕518号
60	国家发展改革委 国家能源局关于促进智能电网发展的指导意见	国家发展改革委、国家能源局	发改运行〔2015〕1518号
61	国家发展改革委关于加强和改进发电运行调节管理的指导意见	国家发展改革委	发改运行〔2014〕985号

续表

序号	名称	发布单位	文号
62	国家发展改革委关于做好今冬明春电力运行和2014年电力供需平衡预测的通知	国家发展改革委	发改运行〔2013〕2416号
63	国家发展改革委关于印发《电网企业实施电力需求侧管理目标责任考核方案（试行）》的通知	国家发展改革委	发改运行〔2011〕2407号
64	关于印发《电力需求侧管理办法》的通知	国家发展改革委等6部门	发改运行〔2010〕2643号
65	中华人民共和国国家发展和改革委员会公告（附件：2017年度电网企业实施电力需求侧管理目标责任完成情况）	国家发展改革委	国家发展改革委公告2018年第10号
66	关于开展燃煤电厂综合升级改造工作的通知	国家发展改革委、国家能源局、财政部	发改厅〔2012〕1662号
67	国家发展改革委关于印发《全国碳排放权交易市场建设方案（发电行业）》的通知	国家发展改革委	发改气候规〔2017〕2191号
68	国家发展改革委关于加快推进国家低碳城（镇）试点工作的通知	国家发展改革委	发改气候〔2015〕1770号
69	国家发展改革委关于开展低碳社区试点工作的通知	国家发展改革委	发改气候〔2014〕489号
70	国家发展改革委关于印发国家应对气候变化规划（2014—2020年）的通知	国家发展改革委	发改气候〔2014〕2347号
71	国家发展改革委关于印发《单位国内生产总值二氧化碳排放降低目标责任考核评估办法》的通知	国家发展改革委	发改气候〔2014〕1828号
72	国家发展改革委 国家统计局印发关于加强应对气候变化统计工作的意见的通知	国家发展改革委、国家统计局	发改气候〔2013〕937号
73	国家发展改革委关于推动碳捕集、利用和封存试验示范的通知	国家发展改革委	发改气候〔2013〕849号
74	国家发展改革委 国家认监委关于印发《低碳产品认证管理暂行办法》的通知	国家发展改革委、国家认监委	发改气候〔2013〕279号
75	关于印发国家适应气候变化战略的通知	国家发展改革委、财政部、住建部等	发改气候〔2013〕2252号

续表

序号	名称	发布单位	文号
76	国家发展改革委　财政部关于印发《中国清洁发展机制基金赠款项目管理办法》的通知	国家发展改革委、财政部	发改气候〔2012〕3407号
77	国家发展改革委　财政部关于印发《中国清洁发展机制基金有偿使用管理办法》的通知	国家发展改革委、财政部	发改气候〔2012〕3406号
78	国家发展改革委关于印发《温室气体自愿减排交易管理暂行办法》的通知	国家发展改革委	发改气候〔2012〕1668号
79	国家发展改革委关于开展低碳省区和低碳城市试点工作的通知	国家发展改革委	发改气候〔2010〕1587号
80	关于做好水电开发利益共享工作的指导意见	国家发展改革委	发改能源规〔2019〕439号
81	国家发展改革委　国家能源局关于印发《清洁能源消纳行动计划（2018—2020年）》的通知	国家发展改革委、国家能源局	发改能源规〔2018〕1575号
82	国家发展改革委关于修改《关于调整水电建设管理主要河流划分的通知》引用规范性文件的通知	国家发展改革委	发改能源规〔2018〕1144号
83	关于印发各省级行政区域2020年可再生能源电力消纳责任权重的通知	国家发展改革委、国家能源局	发改能源〔2020〕767号
84	关于印发《完善生物质发电项目建设运行的实施方案》的通知	国家发展改革委、财政部、国家能源局	发改能源〔2020〕1421号
85	国家发展改革委　国家能源局关于建立健全可再生能源电力消纳保障机制的通知	国家发展改革委、国家能源局	发改能源〔2019〕807号
86	国家发展改革委　国家能源局关于积极推进风电、光伏发电无补贴平价上网有关工作的通知	国家发展改革委、国家能源局	发改能源〔2019〕19号
87	国家发展改革委　财政部　国家能源局关于2018年光伏发电有关事项的通知	国家发展改革委、财政部、国家能源局	发改能源〔2018〕823号
88	国家发展改革委　国家能源局关于提升电力系统调节能力的指导意见	国家发展改革委、国家能源局	发改能源〔2018〕364号

序号	名称	发布单位	文号
89	关于印发《提升新能源汽车充电保障能力行动计划》的通知	国家发展改革委、国家能源局、工业和信息化部、财政部	发改能源〔2018〕1698号
90	国家发展改革委　财政部　国家能源局关于2018年光伏发电有关事项说明的通知	国家发展改革委、财政部、国家能源局	发改能源〔2018〕1459号
91	国家发展改革委　国家能源局关于印发促进生物质能供热发展指导意见的通知	国家发展改革委、国家能源局	发改能源〔2017〕2123号
92	关于印发《地热能开发利用"十三五"规划》的通知	国家发展改革委、国家能源局、国土资源部	发改能源〔2017〕158号
93	印发《关于推进供给侧结构性改革防范化解煤电产能过剩风险的意见》的通知	国家发展改革委、工业和信息化部、财政部等	发改能源〔2017〕1404号
94	国家发展改革委　财政部　国家能源局关于试行可再生能源绿色电力证书核发及自愿认购交易制度的通知	国家发展改革委、财政部、国家能源局	发改能源〔2017〕132号
95	国家发展改革委关于印发《可再生能源发电全额保障性收购管理办法》的通知	国家发展改革	发改能源〔2016〕625号
96	关于推进电能替代的指导意见	国家发展改革委、国家能源局、财政部、环境保护部	发改能源〔2016〕1054号
97	国家发展改革委关于加快配电网建设改造的指导意见	国家发展改革委	发改能源〔2015〕1899号
98	关于印发《电动汽车充电基础设施发展指南（2015—2020年）》的通知	国家发展改革委、能源局、工业和信息化部、住房城乡建设部	发改能源〔2015〕1454号
99	关于印发天然气分布式能源示范项目实施细则的通知	国家发展改革委、国家能源局、住房和城乡建设部	发改能源〔2014〕2382号
100	关于印发《煤电节能减排升级与改造行动计划（2014—2020年）》的通知	国家发展改革委、环境保护部、国家能源局	发改能源〔2014〕2093号

续表

序号	名称	发布单位	文号
101	国家发展改革委关于印发《分布式发电管理暂行办法》的通知	国家发展改革委	发改能源〔2013〕1381号
102	国家发展改革委关于印发天然气发展"十二五"规划的通知	国家发展改革委	发改能源〔2012〕3383号
103	关于下达首批国家天然气分布式能源示范项目的通知	国家发展改革委、财政部、住房和城乡建设部、国家能源局	发改能源〔2012〕1571号
104	关于发展天然气分布式能源的指导意见	国家发展改革委、财政部、住房和城乡建设部、国家能源局	发改能源〔2011〕2196号
105	国家发展改革委　国家能源局关于进一步推进增量配电业务改革的通知	国家发展改革委、国家能源局	发改经体〔2019〕27号
106	国家发展改革委关于整顿规范电价秩序的通知	国家发展改革委	发改价检〔2011〕1311号
107	国家发展改革委关于创新和完善促进绿色发展价格机制的意见	国家发展改革委	发改价格规〔2018〕943号
108	国家发展改革委关于2018年光伏发电项目价格政策的通知	国家发展改革委	发改价格规〔2017〕2196号
109	关于2020年光伏发电上网电价政策有关事项的通知	国家发展改革委	发改价格〔2020〕511号
110	国家发展改革委关于完善风电上网电价政策的通知	国家发展改革委	发改价格〔2019〕882号
111	国家发展改革委关于完善光伏发电上网电价机制有关问题的通知	国家发展改革委	发改价格〔2019〕761号
112	国家发展改革委关于三代核电首批项目试行上网电价的通知	国家发展改革委	发改价格〔2019〕535号
113	国家发展改革委关于完善跨省跨区电能交易价格形成机制有关问题的通知	国家发展改革委	发改价格〔2015〕962号
114	国家发展改革委关于完善陆上风电光伏发电上网标杆电价政策的通知	国家发展改革委	发改价格〔2015〕3044号

序号	名称	发布单位	文号
115	国家发展改革委关于规范天然气发电上网电价管理有关问题的通知	国家发展改革委	发改价格〔2014〕3009号
116	国家发展改革委关于适当调整陆上风电标杆上网电价的通知	国家发展改革委	发改价格〔2014〕3008号
117	关于完善抽水蓄能电站价格形成机制有关问题的通知	国家发展改革委	发改价格〔2014〕1763号
118	国家发展改革委关于海上风电上网电价政策的通知	国家发展改革委	发改价格〔2014〕1216号
119	国家发展改革委关于调整可再生能源电价附加标准与环保电价有关事项的通知	国家发展改革委	发改价格〔2013〕1651号
120	国家发展改革委关于发挥价格杠杆作用促进光伏产业健康发展的通知	国家发展改革委	发改价格〔2013〕1638号
121	国家发展改革委关于完善核电上网电价机制有关问题的通知	国家发展改革委	发改价格〔2013〕1130号
122	国家发展改革委 国家电监会关于可再生能源电价补贴和配额交易方案（2010年10月—2011年4月）的通知	国家发展改革委、国家电监会	发改价格〔2012〕3762号
123	国家发展改革委关于调整华中电网电价的通知	国家发展改革委	发改价格〔2011〕2623号
124	国家发展改革委关于调整华东电网电价的通知	国家发展改革委	发改价格〔2011〕2622号
125	国家发展改革委关于调整西北电网电价的通知	国家发展改革委	发改价格〔2011〕2621号
126	国家发展改革委关于调整东北电网电价的通知	国家发展改革委	发改价格〔2011〕2620号
127	国家发展改革委关于调整华北电网电价的通知	国家发展改革委	发改价格〔2011〕2619号
128	国家发展改革委关于调整南方电网电价的通知	国家发展改革委	发改价格〔2011〕2618号
129	国家发展改革委关于完善太阳能光伏发电上网电价政策的通知	国家发展改革委	发改价格〔2011〕1594号
130	国家发展改革委 国家电监会关于2009年7—12月可再生能源电价补贴和配额交易方案的通知	国家发展改革委、国家电监会	发改价格〔2010〕1894号

续表

序号	名称	发布单位	文号
131	国家发展改革委　国家电监会关于2009年1—6月可再生能源电价补贴和配额交易方案的通知	国家发展改革委、国家电监会	发改价格〔2009〕3217号
132	国家发展改革委关于完善风力发电上网电价政策的通知	国家发展改革委	发改价格〔2009〕1906号
133	国家发展改革委　国家电监会关于2008年7—12月可在再生能源电价补贴和配额交易方案的通知	国家发展改革委、国家电监会	发改价格〔2009〕1581号
134	国家发展改革委　司法部关于印发《关于加快建立绿色生产和消费法规政策体系的意见》的通知	国家发展改革委、司法部	发改环资〔2020〕379号
135	关于印发《美丽中国建设评估指标体系及实施方案》的通知	国家发展改革委	发改环资〔2020〕296号
136	关于2019年全国节能宣传周和全国低碳日活动的通知	国家发展改革委	发改环资〔2019〕999号
137	关于印发《绿色高效制冷行动方案》的通知	国家发展改革委等	发改环资〔2019〕1054号
138	国家发展改革委　国家标准委关于印发《节能标准体系建设方案》的通知	国家发展改革委、国家标准委	发改环资〔2017〕83号
139	关于2015年全国节能宣传周和全国低碳日活动的通知	国家发展改革委	发改环资〔2015〕973号
140	关于印发能效"领跑者"制度实施方案的通知	国家发展改革委、工业和信息化部、财政部、国管局、能源局、质检总局、标准化委	发改环资〔2014〕3001号
141	关于印发《重点地区煤炭消费减量替代管理暂行办法》的通知	国家发展改革委、工业和信息化部、财政部、环境保护部、统计局、能源局	发改环资〔2014〕2984号
142	关于印发燃煤锅炉节能环保综合提升工程实施方案的通知	国家发展改革委、环境保护部、财政部、国家质检总局、工业和信息化部、国管局、国家能源局	发改环资〔2014〕2451号

续表

序号	名称	发布单位	文号
143	国家发展改革委关于印发《节能低碳技术推广管理暂行办法》的通知	国家发展改革委	发改环资〔2014〕19号
144	国家发展改革委关于加大工作力度确保实现2013年节能减排目标任务的通知	国家发展改革委	发改环资〔2013〕1585号
145	关于印发节能减排全民行动实施方案的通知	国家发改委会等	发改环资〔2012〕194号
146	关于印发万家企业节能低碳行动实施方案的通知	国家发改委会等	发改环资〔2011〕2873号
147	国家发展改革委关于加快推进国家"十三五"规划《纲要》重大工程项目实施工作的意见	国家发展改革委	发改规划〔2016〕1641号
148	国家发展改革委 国家能源局关于切实加强需求侧管理 确保民生用气的紧急通知	国家发展改革委、国家能源局	发改电〔2014〕22号
149	国家发展改革委办公厅关于开展可再生能源就近消纳试点的通知	国家发展改革委办公厅	发改办运行〔2015〕2554号
150	国家发展改革委办公厅关于做好2013年度电网企业实施电力需求侧管理目标责任考核工作的通知	国家发展改革委办公厅	发改办运行〔2014〕78号
151	国家发展改革委办公厅关于做好国家电力需求侧管理平台建设和应用工作的通知	国家发展改革委办公厅	发改办运行〔2014〕734号
152	国家发展改革委办公厅 国家能源局综合司关于调查"煤改气"及天然气供需情况的通知	国家发展改革委办公厅、国家能源局综合司	发改办运行〔2013〕2886号
153	国家发展改革委办公厅《关于切实做好全国碳排放权交易市场启动重点工作的通知》	国家发展改革委办公厅	发改办气候〔2016〕57号
154	国家发展改革委办公厅关于开展2014年度单位国内生产总值二氧化碳排放降低目标责任考核评估的通知	国家发展改革委办公厅	发改办气候〔2015〕958号
155	国家发展改革委办公厅关于印发低碳社区试点建设指南的通知	国家发展改革委办公厅	发改办气候〔2015〕362号
156	国家发展改革委办公厅2014年度各省（区、市）单位地区生产总值二氧化碳排放降低目标责任考核评估结果的通知	国家发展改革委办公厅	发改办气候〔2015〕2522号

序号	名称	发布单位	文号
157	国家发展改革委办公厅关于组织开展氢氟碳化物处置相关工作的通知	国家发展改革委办公厅	发改办气候〔2015〕1189号
158	国家发展改革委办公厅关于同意天津排放权交易所有限公司为自愿减排交易机构备案的函	国家发展改革委办公厅	发改办气候〔2013〕94号
159	国家发展改革委办公厅关于同意上海环境能源交易所股份有限公司为自愿减排交易机构备案的函	国家发展改革委办公厅	发改办气候〔2013〕93号
160	国家发展改革委办公厅关于同意广东碳排放交易所有限公司为自愿减排交易机构备案的函	国家发展改革委办公厅	发改办气候〔2013〕92号
161	国家发展改革委办公厅关于同意北京环境交易所有限公司为自愿减排交易机构备案的函	国家发展改革委办公厅	发改办气候〔2013〕91号
162	国家发展改革委办公厅关于同意深圳排放权交易所有限公司为自愿减排交易机构备案的函	国家发展改革委办公厅	发改办气候〔2013〕90号
163	国家发展改革委办公厅关于印发首批10个行业企业温室气体排放核算方法与报告指南(试行)的通知	国家发展改革委办公厅	发改办气候〔2013〕2526号
164	国家发展改革委办公厅关于中环联合（北京）认证中心有限公司予以自愿减排交易项目审定与核证机构备案的复函	国家发展改革委办公厅	发改办气候〔2013〕2107号
165	国家发展改革委办公厅关于同意广州赛宝认证中心服务有限公司予以自愿减排交易项目审定与核证机构备案的函	国家发展改革委办公厅	发改办气候〔2013〕1354号
166	国家发展改革委办公厅关于对中国质量认证中心予以自愿减排交易项目审定与核证机构备案的函	国家发展改革委办公厅	发改办气候〔2013〕1353号
167	国家发展改革委办公厅关于开展碳排放权交易试点工作的通知	国家发展改革委	发改办气候〔2011〕2601号
168	国家发展改革委办公厅 国家能源局综合司关于公布2020年风电、光伏发电平价上网项目的通知	国家发展改革委办公厅、国家能源局综合司	发改办能源〔2020〕588号
169	国家发展改革委办公厅 国家能源局综合司关于公布2019年第一批风电、光伏发电平价上网项目的通知	国家发展改革委办公厅、国家能源局	发改办能源〔2019〕594号

序号	名称	发布单位	文号
170	国家发展改革委办公厅 国家能源局综合司关于开展分布式发电市场化交易试点的补充通知	国家发展改革委办公厅、国家能源局综合司	发改办能源〔2017〕2150号
171	国家发展改革委办公厅关于加强和规范生物质发电项目管理有关要求的通知	国家发展改革委办公厅	发改办能源〔2014〕3003号
172	国家发展改革委办公厅 生态环境部办公厅关于公开征集清洁生产评价指标体系制（修）订项目的通知	国家发展改革委办公厅、生态环境部	发改办环资〔2019〕680号
173	国家发展改革委办公厅 市场监管总局办公厅关于加快推进重点用能单位能耗在线监测系统建设的通知	国家发展改革委办公厅、市场监管总局办公厅	发改办环资〔2019〕424号
174	国家发展改革委办公厅关于发布节能自愿承诺用能单位名单的通知	国家发展改革委办公厅	发改办环资〔2017〕2178号
175	国家发展改革委办公厅 农业部办公厅 国家能源局综合司关于开展秸秆气化清洁能源利用工程建设的指导意见	国家发展改革委办公厅、农业部办公厅、国家能源局综合司	发改办环资〔2017〕2143号
176	国家发展改革委办公厅 财政部办公厅关于组织推荐节能产品惠民工程高效电机推广目录的通知	国家发展改革委办公厅、财政部办公厅	发改办环资〔2013〕2329号
177	国家发展改革委办公厅关于请组织开展推荐国家重点节能技术工作的通知	国家发展改革委办公厅	发改办环资〔2013〕1311号
178	国家发展改革委办公厅关于组织推荐国家重点节能技术的通知	国家发展改革委办公厅	发改办环资〔2012〕206号
179	国家发展改革委办公厅 财政部办公厅关于组织申报2013年节能技术改造财政奖励备选项目的通知	国家发展改革委办公厅、财政部办公厅	发改办环资〔2012〕1972号
180	国家发展改革委办公厅关于印发万家企业节能目标责任考核实施方案的通知	国家发展改革会办公厅	发改办环资〔2012〕1923号
181	关于印发《2008年电力企业节能减排情况通报》的通知	国家电监会、国家发展改革委、国家能源局、环境保护部	电监市场〔2009〕36号
182	国家重点节能技术推广目录(第五批)	国家发展改革委	国家发展改革委公告2012年第42号

续表

序号	名称	发布单位	文号
183	国家鼓励的循环经济技术、工艺和设备名录（第一批）	国家发展改革委、环境保护部、科学技术部、工业和信息化部	公告2012年第13号
184	"万家企业节能低碳行动"企业名单及节能量目标	国家发展改革委	国家发展改革委公告2012年第10号
185	产业结构调整指导目录（2011年本）	国家发展改革委	国家发展改革委令2011年第9号
186	国家重点节能技术推广目录（第四批）	国家发展改革委	国家发展改革委公告2011年第34号
187	《清洁发展机制项目运行管理办法》（修订）	国家发展改革委、科技部、外交部、财政部	令2011年第11号
188	2009年各省自治区直辖市节能目标完成情况	国家发展改革委	国家发展改革委公告2010年第8号
189	2009年千家企业节能目标责任评价考核汇总表、2009年关停并转千家企业名单	国家发展改革委	国家发展改革委公告2010年第10号
190	节能服务公司备案名单（第一批）	国家发展改革委、财政部	公告2010年第22号
191	全国关停小火电机组情况	国家发展改革委、国家能源局、环境保护部、国家电监会	公告2009年第4号
192	国家重点节能技术推广目录（第二批）	国家发展改革委	国家发展改革委公告2009年第24号
193	中华人民共和国可持续发展国家报告	国家发展改革委	—
194	中国应对气候变化的政策与行动（2011）白皮书	国务院新闻办	—
195	国家发展改革委办公厅　财政部办公厅关于进一步加强合同能源管理项目监督检查工作的通知	国家发展改革委办公厅、财政部办公厅	发改办环资〔2011〕1755号
196	中华人民共和国气候变化第一次两年更新报告	国家发展改革委	—

序号	名称	发布单位	文号
197	中国应对气候变化的政策与行动2016年度报告	国家发展改革委	—
198	关于发布《碳排放权登记管理规则（试行）》《碳排放权交易管理规则（试行）》和《碳排放权结算管理规则（试行）》的公告	生态环境部	公告2021年第21号
199	碳排放权交易管理办法（试行）	生态环境部	部令　第19号
200	关于印发《2019—2020年全国碳排放权交易配额总量设定与分配实施方案（发电行业）》《纳入2019—2020年全国碳排放权交易配额管理的重点排放单位名单》并做好发电行业配额预分配工作的通知	生态环境部	国环规气候〔2020〕3号
201	《关于开展气候投融资试点工作的通知》	生态环境部办公厅、国家发展和改革委员会办公厅、工业和信息化部办公厅	环办气候〔2021〕27号
202	关于统筹和加强应对气候变化与生态环境保护相关工作的指导意见	生态环境部	环综合〔2021〕4号
203	关于印发《生态环境部约谈办法》的通知	生态环境部	环督察〔2020〕42号
204	关于做好全国碳排放权交易市场第一个履约周期碳排放配额清缴工作的通知	生态环境部办公厅	环办气候函〔2021〕492号
205	关于做好全国碳排放权交易市场数据质量监督管理相关工作的通知	生态环境部办公厅	环办气候函〔2021〕491号
206	关于在产业园区规划环评中开展碳排放评价试点的通知	生态环境部办公厅	环办环评函〔2021〕471号
207	关于加强企业温室气体排放报告管理相关工作的通知	生态环境部办公厅	环办气候〔2021〕9号
208	关于印发《企业温室气体排放报告核查指南（试行）》的通知	生态环境部办公厅	环办气候函〔2021〕130号
209	关于印发《清洁生产审核评估与验收指南》的通知	生态环境部办公厅、发展改革委办公厅	环办科技〔2018〕5号
210	关于加强碳捕集、利用和封存试验示范项目环境保护工作的通知	环境保护部办公厅	环办〔2013〕101号

续表

序号	名称	发布单位	文号
211	关于进一步加强水电建设环境保护工作的通知	环境保护部办公厅	环办〔2012〕4号
212	关于印发2018年各省（区、市）煤电超低排放和节能改造目标任务的通知	国家能源局、生态环境部	国能发电力〔2018〕65号
213	国家能源局综合司关于做好光伏发电项目与国家可再生能源信息管理平台衔接有关工作的通知	国家能源局综合司	国能综新能〔2016〕18号
214	国家能源局综合司关于征求完善太阳能发电规模管理和实行竞争方式配置项目指导意见的函	国家能源局综合司	国能综新能〔2016〕14号
215	国家能源局综合司关于开展风电清洁供暖工作的通知	国家能源局综合司	国能综新能〔2015〕306号
216	国家能源局综合司关于开展风电开发建设情况专项监管的通知	国家能源局综合司	国能综通新能〔2020〕78号
217	国家能源局综合司关于做好可再生能源发展"十四五"规划编制工作有关事项的通知	国家能源局综合司	国能综通新能〔2020〕29号
218	国家能源局综合司关于公布2019年光伏发电项目国家补贴竞价结果的通知	国家能源局综合司	国能综通新能〔2019〕59号
219	国家能源局综合司关于2019年户用光伏项目信息公布和报送有关事项的通知	国家能源局综合司	国能综通新能〔2019〕45号
220	国家能源局综合司关于发布2018年度光伏发电市场环境监测评价结果的通知	国家能源局综合司	国能综通新能〔2019〕11号
221	国家能源局综合司关于做好光伏发电相关工作的紧急通知	国家能源局综合司	国能综通新能〔2018〕93号
222	国家能源局综合司 国务院扶贫办综合司关于上报光伏扶贫项目计划有关事项的通知	国家能源局综合司、国务院扶贫办综合司	国能综通新能〔2018〕142号
223	关于印发《关于加强储能标准化工作的实施方案》的通知	国家能源局综合司、应急管理部办公厅、国家市场监督管理总局办公厅	国能综通科技〔2020〕3号

续表

序号	名称	发布单位	文号
224	国家能源局综合司关于开展光伏发电专项监管工作的通知	国家能源局综合司	国能综通监管〔2018〕11号
225	国家能源局综合司关于印发《核电厂运行性能指标（试行）》的通知	国家能源局综合司	国能综通核电〔2019〕60号
226	国家能源局综合司关于开展电力建设工程施工现场安全专项监管工作的通知	国家能源局综合司	国能综通安全〔2019〕52号
227	国家能源局综合司关于印发2019年电力可靠性管理和工程质量监督工作重点的通知	国家能源局综合司	国能综通安全〔2019〕17号
228	国家能源局综合司关于印发《2017年能源领域行业标准化工作要点》的通知	国家能源局综合司	国能综科技〔2017〕216号
229	国家能源局关于下达2016年全国风电开发建设方案的通知	国家能源局	国能新能〔2016〕84号
230	国家能源局关于做好2016年度风电消纳工作有关要求的通知	国家能源局	国能新能〔2016〕74号
231	国家能源局 国务院扶贫办关于下达第一批光伏扶贫项目的通知	国家能源局、国务院扶贫办	国能新能〔2016〕280号
232	国家能源局关于建设太阳能热发电示范项目的通知	国家能源局	国能新能〔2016〕223号
233	国家能源局关于下达2016年光伏发电建设实施方案的通知	国家能源局	国能新能〔2016〕166号
234	国家能源局关于在北京开展可再生能源清洁供热示范有关要求的通知	国家能源局	国能新能〔2015〕90号
235	国家能源局关于做好2015年度风电并网消纳有关工作的通知	国家能源局	国能新能〔2015〕82号
236	国家能源局关于实行可再生能源发电项目信息化管理的通知	国家能源局	国能新能〔2015〕358号
237	国家能源局关于调增部分地区2015年光伏电站建设规模的通知	国家能源局	国能新能〔2015〕356号
238	国家能源局关于组织太阳能热发电示范项目建设的通知	国家能源局	国能新能〔2015〕355号
239	国家能源局关于海上风电项目进展有关情况的通报	国家能源局	国能新能〔2015〕343号

续表

序号	名称	发布单位	文号
240	国家能源局关于推进新能源微电网示范项目建设的指导意见	国家能源局	国能新能〔2015〕265号
241	国家能源局关于印发全国海上风电开发建设方案（2014—2016）的通知	国家能源局	国能新能〔2014〕530号
242	国家能源局关于印发可再生能源发电工程质量监督体系方案的通知	国家能源局	国能新能〔2012〕371号
243	国家能源局关于申报分布式光伏发电规模化应用示范区的通知	国家能源局	国能新能〔2012〕298号
244	国家能源局关于印发生物质能发展"十二五"规划的通知	国家能源局	国能新能〔2012〕216号
245	国家能源局关于印发太阳能发电发展"十二五"规划的通知	国家能源局	国能新能〔2012〕194号
246	国家能源局关于加强风电并网和消纳工作有关要求的通知	国家能源局	国能新能〔2012〕135号
247	国家能源局关于印发风电开发建设管理暂行办法的通知	国家能源局	国能新能〔2011〕285号
248	国家能源局 国家煤矿安全监察局关于做好2015年煤炭行业淘汰落后产能工作的通知	国家能源局、国家煤矿安全监察局	国能煤炭〔2015〕95号
249	关于促进煤炭工业科学发展的指导意见	国家能源局	国能煤炭〔2015〕37号
250	国家能源局关于印发《煤炭清洁高效利用行动计划（2015—2020年）》的通知	国家能源局	国能煤炭〔2015〕141号
251	国家能源局关于下达2012年第二批能源领域行业标准制（修）订计划的通知	国家能源局	国能科技〔2012〕326号
252	国家能源局 国家核安全局关于印发与核安全相关的能源行业核电标准管理和认可实施暂行办法的通知	国家能源局、国家核安全局	国能科技〔2012〕226号
253	国家能源局关于印发国家能源科技"十二五"规划的通知	国家能源局	国能科技〔2011〕395号
254	国家能源局关于印发可再生能源发电利用统计报表制度的通知	国家能源局	国能规划〔2018〕61号

序号	名称	发布单位	文号
255	国家能源局关于印发2017年能源工作指导意见的通知	国家能源局	国能规划〔2017〕46号
256	国家能源局关于2019年度全国可再生能源电力发展监测评价的通报	国家能源局	国能发新能〔2020〕31号
257	国家能源局关于发布《2020年度风电投资监测预警结果》和《2019年度光伏发电市场环境监测评价结果》的通知	国家能源局	国能发新能〔2020〕24号
258	国家能源局关于2020年风电、光伏发电项目建设有关事项的通知	国家能源局	国能发新能〔2020〕17号
259	国家能源局关于2018年度全国可再生能源电力发展监测评价的通报	国家能源局	国能发新能〔2019〕53号
260	国家能源局关于2019年风电、光伏发电项目建设有关事项的通知	国家能源局	国能发新能〔2019〕49号
261	国家能源局关于完善风电供暖相关电力交易机制扩大风电供暖应用的通知	国家能源局	国能发新能〔2019〕35号
262	国家能源局关于发布2019年度风电投资监测预警结果的通知	国家能源局	国能发新能〔2019〕13号
263	国家能源局关于建立清洁能源示范省（区）监测评价体系（试行）的通知	国家能源局	国能发新能〔2018〕9号
264	国家能源局关于2018年度风电建设管理有关要求的通知	国家能源局	国能发新能〔2018〕47号
265	国家能源局关于推进太阳能热发电示范项目建设有关事项的通知	国家能源局	国能发新能〔2018〕46号
266	国家能源局关于2017年度全国可再生能源电力发展监测评价的通报	国家能源局	国能发新能〔2018〕43号
267	国家能源局关于减轻可再生能源领域企业负担有关事项的通知	国家能源局	国能发新能〔2018〕34号
268	国家能源局关于印发《分散式风电项目开发建设暂行管理办法》的通知	国家能源局	国能发新能〔2018〕30号
269	国家能源局 国务院扶贫办关于印发《光伏扶贫电站管理办法》的通知	国家能源局、国务院扶贫办	国能发新能〔2018〕29号
270	国家能源局关于发布2018年度风电投资监测预警结果的通知	国家能源局	国能发新能〔2018〕23号

续表

序号	名称	发布单位	文号
271	国家能源局　国务院扶贫办关于下达"十三五"第一批光伏扶贫项目计划的通知	国家能源局、国务院扶贫办	国能发新能〔2017〕91号
272	国家能源局关于2017年光伏发电领跑基地建设有关事项的通知	国家能源局	国能发新能〔2017〕88号
273	国家能源局关于建立市场环境监测评价机制引导光伏产业健康有序发展的通知	国家能源局	国能发新能〔2017〕79号
274	国家能源局关于加快推进分散式接入风电项目建设有关要求的通知	国家能源局	国能发新能〔2017〕3号
275	国家能源局关于印发《2018年能源工作指导意见的通知》	国家能源局	国能发规划〔2018〕22号
276	国家能源局关于下达2020年煤电行业淘汰落后产能目标任务的通知	国家能源局	国能发电力〔2020〕37号
277	国家能源局关于发布2023年煤电规划建设风险预警的通知	国家能源局	国能发电力〔2020〕12号
278	国家能源局关于发布2022年煤电规划建设风险预警的通知	国家能源局	国能发电力〔2019〕31号
279	国家能源局关于发布2021年煤电规划建设风险预警的通知	国家能源局	国能发电力〔2018〕44号
280	国家能源局　环境保护部关于开展燃煤耦合生物质发电技改试点工作的通知	国家能源局、环境保护部	国能发电力〔2017〕75号
281	国家能源局关于印发2015年中央发电企业煤电节能减排升级改造目标任务的通知	国家能源局	国能电力〔2015〕93号
282	国家能源局关于印发配电网建设改造行动计划（2015—2020年）的通知	国家能源局	国能电力〔2015〕290号
283	国家能源局关于下达2015年电力行业淘汰落后产能目标任务的通知	国家能源局	国能电力〔2015〕119号
284	华中华东区域节能减排发电调度专项监管报告	国家能源局	国家能源局监管公告2015年第12号（总第29号）
285	燃煤电厂二氧化碳排放统计指标体系	国家能源局	DL/T 1328—2014
286	国家能源局综合司关于发布2017年度光伏发电市场环境监测评价结果的通知	国家能源局综合司	—

序号	名称	发布单位	文号
287	国家能源局综合司关于公布2020年光伏发电项目国家补贴竞价结果的通知	国家能源局综合司	—
288	国家能源局关于印发《2020年能源工作指导意见》的通知	国家能源局	—
289	关于印发《可再生能源电价附加有关会计处理规定》的通知	财政部	财会〔2012〕24号
290	关于预拨2012年可再生能源电价附加补助资金的通知	财政部	财建〔2012〕1068号
291	关于印发《可再生能源发展专项资金管理暂行办法》的通知	财政部	财建〔2015〕87号
292	财政部关于印发《节能减排补助资金管理暂行办法》的通知	财政部	财建〔2015〕161号
293	关于印发《可再生能源发展基金征收使用管理暂行办法》的通知	财政部、国家发展改革委、国家能源局	财综〔2011〕115号
294	关于调整完善新能源汽车推广应用财政补贴政策的通知	财政部、工业和信息化部、科技部、国家发展改革委	财建〔2018〕18号
295	关于印发《节能技术改造财政奖励资金管理办法》的通知	财政部、国家发展改革委	财建〔2011〕367号
296	关于印发《可再生能源电价附加补助资金管理暂行办法》的通知	财政部、国家发展改革委、国家能源局	财建〔2012〕102号
297	关于印发《合同能源管理财政奖励资金管理暂行办法》的通知	财政部、国家发展改革委	财建〔2010〕249号
298	关于印发《电力需求侧管理城市综合试点工作中央财政奖励资金管理暂行办法》的通知	财政部、国家发展改革委	财建〔2012〕367号
299	关于公布可再生能源电价附加资金补助目录（第三批）的通知	财政部、国家发展改革委、国家能源局	财建〔2012〕1067号
300	关于公布可再生能源电价附加资金补助目录（第一批）的通知	财政部、国家发展改革委、国家能源局	财建〔2012〕344号

续表

序号	名称	发布单位	文号
301	关于公布可再生能源电价附加资金补助目录（第二批）的通知	财政部、国家发展改革委、国家能源局	财建〔2012〕808号
302	关于促进非水可再生能源发电健康发展的若干意见	财政部、国家发展改革委、物价局、国家能源局、	财建〔2020〕4号
303	关于印发《可再生能源电价附加补助资金管理暂行办法》的通知	财政部、国家发展改革委、国家能源局	财建〔2012〕102号
304	财政部 国家税务总局 工业和信息化部关于节约能源使用新能源车船车船税优惠政策的通知	财政部、国家税务总局、工业和信息化部	财税〔2015〕51号
305	关于公布环境保护节能节水项目企业所得税优惠目录（试行）的通知	财政部、国家税务总局、国家发展改革委	财税〔2009〕166号
306	财政部 科技部 国家能源局关于做好金太阳示范工程实施工作的通知	财政部、科技部、国家能源局	财建〔2009〕718号
307	关于印发节能节水和环境保护专用设备企业所得税优惠目录（2017年版）的通知	财政部、国家税务总局、国家发展改革委、工业和信息化部、环境保护部	财税〔2017〕71号
308	关于完善可再生能源建筑应用政策及调整资金分配管理方式的通知	财政部、住房和城乡建设部	财建〔2012〕604号
309	关于合同能源管理财政奖励资金需求及节能服务公司审核备案有关事项的通知	财政部办公厅、国家发展改革委办公厅	财办建〔2010〕60号
310	光伏制造行业规范条件（2018年本）	工业和信息化部	工信部公告2018年第2号
311	关于印发《2015年工业绿色发展专项行动实施方案》的通知	工业和信息化部	工信部节〔2015〕61号
312	关于印发《2015年工业节能监察重点工作计划》的通知	工业和信息化部	工信部节函〔2015〕89号
313	关于开展2018年度国家工业节能技术装备推荐及"能效之星"产品评价工作的通知	工业和信息化部	工信厅节函〔2018〕212号

序号	名称	发布单位	文号
314	关于印发《新能源汽车动力蓄电池回收利用管理暂行办法》的通知	工业和信息化部等	工信部联节〔2018〕43号
315	关于组织开展新能源汽车动力蓄电池回收利用试点工作的通知	工业和信息化部等	工信部联节函〔2018〕68号
316	关于印发《配电变压器能效提升计划（2015—2017年）》的通知	工业和信息化部、国家质检总局、国家发展改革委	工信部联节〔2015〕269号
317	关于进一步加强中小企业节能减排工作的指导意见	工业和信息化部	工信部办〔2010〕173号
318	国家工业节能技术装备推荐目录（2018）	工业和信息化部	工信部公告2018年第55号
319	关于印发《工业绿色发展规划（2016—2020年）》的通知	工业和信息化部	工信部规〔2016〕225号
320	关于进一步加强工业节能工作的意见	工业和信息化部	工信部节〔2012〕339号
321	关于印发《2013年工业节能与绿色发展专项行动实施方案》的通知	工业和信息化部	工信部节〔2013〕95号
322	关于开展重点用能行业能效水平对标达标活动的通知	工业和信息化部	工信厅节函〔2010〕594号
323	工业和信息化部办公厅关于印发工业领域电力需求侧管理专项行动计划（2016—2020年）的通知	工业和信息化部办公厅	工信厅运行函〔2016〕560号
324	工业和信息化部 发展改革委 科技部 公安部 交通运输部 市场监管总局关于加强低速电动车管理的通知	工业和信息化部、发展改革委、科技部、公安部、交通运输部、市场监管总局	工信部联装〔2018〕227号
325	工业和信息化部 国家发展改革委 科技部 财政部关于印发《工业领域应对气候变化行动方案（2012—2020年）》的通知	工业和信息化部、国家发展改革委、科学技术部、财政部	工信部联节〔2012〕621号
326	工业和信息化部办公厅 国家开发银行关于加快推进工业节能与绿色发展的通知	工业和信息化部办公厅、国家开发银行	工信厅联节〔2019〕16号

序号	名称	发布单位	文号
327	中华人民共和国工业和信息化部 国家能源局公告（2011年全国各地淘汰落后产能目标任务全面完成情况）	工业和信息化部、国家能源局	公告2012年第62号
328	工业和信息化部办公厅关于组织开展2020年工业节能诊断服务工作的通知	工业和信息化部办公厅	工信厅节函〔2020〕107号
329	关于在北京市开展工业领域电力需求侧管理试点工作的通知	工业和信息化部办公厅	工信厅运行函〔2012〕610号
330	国家认监委 国家发展和改革委员会关于联合发布《能源管理体系认证规则》的公告	国家认监委、国家发展和改革委员会	认监会、发展改革委公告2014年第21号
331	温室气体排放核算与报告要求 第1部分：发电企业	国家质量监督检验检疫总局、国家标准化管理委员会	GB/T 32151.1—2015
332	温室气体排放核算与报告要求 第2部分：电网企业	国家质量监督检验检疫总局、国家标准化管理委员会	GB/T 32151.2—2015
333	关于印发《关于推进中央企业高质量发展做好碳达峰碳中和工作的指导意见》的通知	国务院国有资产监督管理委员会	国资发科创〔2021〕93号
334	中央企业节能减排监督管理暂行办法	国务院国有资产监督管理委员会	国资委令第23号
335	关于印发风力发电科技发展"十二五"专项规划的通知	科技部	国科发计〔2012〕197号
336	关于印发太阳能发电科技发展"十二五"专项规划的通知	科技部	国科发计〔2012〕198号
337	科技部关于发布节能减排与低碳技术成果转化推广清单（第一批）的公告	科技部	科技部公告2014年第1号
338	科技部 工业和信息化部关于印发2014—2015年节能减排科技专项行动方案的通知	科技部、工业和信息化部	国科发计〔2014〕45号
339	关于印发风力发电科技发展"十二五"专项规划的通知	科技部	国科发计〔2012〕197号
340	关于印发太阳能发电科技发展"十二五"专项规划的通知	科技部	国科发计〔2012〕198号

续表

序号	名称	发布单位	文号
341	关于印发智能电网重大科技产业化工程"十二五"专项规划的通知	科技部	国科发计〔2012〕232号
342	科技部关于印发"十二五"国家碳捕集利用与封存科技发展专项规划的通知	科技部	国科发社〔2013〕142号
343	关于印发"十二五"国家应对气候变化科技发展专项规划的通知	科技部、外交部、国家发展改革委等	国科发计〔2012〕700号
344	中国人民银行 中国银行业监督管理委员会关于进一步做好支持节能减排和淘汰落后产能金融服务工作的意见	中国人民银行、中国银行业监督管理委员会	银发〔2010〕170号

附件2 主要电力发展指标一览表

主要指标	2010年	2011年	2012年	2013年	2014年	2015年	2016年	2017年	2018年	2019年	2020年
一、发电量/亿千瓦·时	42 278	47 306	49 865	53 721	56 801	57 399	60 228	64 529	69 947	73 269	76 264
水电	6 867	6 681	8 556	8 921	10 601	11 127	11 748	11 947	12 321	13 021	13 553
火电	34 166	39 003	39 255	42 216	43 030	42 307	43 273	45 877	49 249	50 465	51 770
其中：燃煤	32 163	36 961	37 131	39 805	40 266	38 977	39 457	41 782	44 829	45 538	46 296
燃气	777	1 088	1 103	1 164	1 333	1 669	1 883	2 032	2 155	2 325	2 525
燃油	162	59	55	52	44	42	28	27	15	13	12
生物质发电	161	233	316	383	461	539	654	789	908	1 126	1 355
核电	747	872	983	1 115	1 332	1 714	2 132	2 481	2 950	3 487	3 662
风电	494	741	1 030	1 383	1 598	1 856	2 409	3 046	3 658	4 053	4 665
太阳能发电	1	6	36	84	235	395	665	1 178	1 769	2 240	2 611
其他	1	2	4.8	3	5	1	1	1	1	2	3
非化石能源发电量	8 273	8 536	10 926	11 888	14 232	15 631	17 609	19 441	21 606	23 930	25 849
二、发电装机容量/万千瓦	96 641	106 253	114 676	125 768	137 887	152 527	165 051	178 451	190 012	201 006	220 204
水电	21 606	23 298	24 947	28 044	30 486	31 954	33 207	34 411	35 259	35 804	37 028
火电	70 967	76 834	81 968	87 009	93 232	100 554	106 094	111 009	114 408	118 957	124 624

续表

主要指标	2010年	2011年	2012年	2013年	2014年	2015年	2016年	2017年	2018年	2019年	2020年
其中：燃煤	64 661	70 929	75 488	79 578	84 102	90 009	94 624	98 562	100 835	104 063	107 912
燃气	2 644	3 415	3 767	4 277	5 697	6 603	7 011	7 580	8 375	9 024	9 972
燃油	878	328	611	590	512	434	209	197	173	175	147
生物质发电	341	559	769	868	980	1 141	1 313	1 651	1 947	2 361	2 987
核电	1 082	1 257	1 257	1 466	2 008	2 717	3 364	3 582	4 466	4 874	4 989
风电	2 958	4 623	6 142	7 652	9 657	13 075	14 747	16 400	18 427	20 915	28 165
太阳能发电	26	212	341	1 589	2 486	4218	7 631	13 042	17 433	20 429	25 356
其他	2.8	19.0	20.5	8	19	9	7	7	20	26	41
非化石能源发电装机容量	26 015	29 978	33477	39 627	45 635	53 114	60 270	69 093	77 551	84 410	98 567
三、35千伏及以上输电线路回路长度/千米	1 337 076	1 409 698	1 479 791	1 554 236	1 628 472	1 696 849	1 756 141	1 825 611	1 892 018	1 975 312	2 156 170
四、35千伏及以上变电设备容量/万千伏安	361 742	408 398	445 902	483 427	526 685	569 928	629 982	662 928	699 219	747 833	812 893
五、线损率/%	6.53	6.52	6.74	7.02	6.64	6.64	6.49	6.48	6.27	5.93	5.6
六、6 000千瓦及以上电厂供电标准煤耗/[克/(千瓦·时)]	333.3	329.1	324.6	321	319	315.4	312.1	309.4	307.6	306.4	304.9

续表

主要指标	2010年	2011年	2012年	2013年	2014年	2015年	2016年	2017年	2018年	2019年	2020年
七、主要大气污染物排放总量											
烟尘/万吨	160	155	151	142	98	40	35	26	20.8	18.3	15.5
二氧化硫/万吨	926	913	883	780	620	200	170	120	98.9	89.3	78.0
氮氧化物/万吨	950	1 003	948	834	620	180	155	114	96.3	93.3	87.4
八、火电厂主要固废综合利用量											
粉煤灰/万吨	3.3	3.7	3.6	3.8	3.7	3.5	3.6	3.7	3.9	4.0	4.2
脱硫石膏/万吨	3 600	4 800	4 900	5 400	5 300	5 200	5 350	5 700	6 050	6 150	6 350
九、火电厂废水排放量/亿吨	11	9	5.5	4.1	3	3	3	2.75	2.95	2.73	2.69
十、单位火电发电量二氧化碳排放强度/[克/(千瓦·时)]	921	900	900	889	874	850	846	844	841	838	832
十一、单位发电量二氧化碳排放强度/[克/(千瓦·时)]	744	742	708	698	659	627	608	599	592	577	565

参考文献

[1] 中国电力企业联合会.中国电力行业年度发展报告2021[M].北京：中国建材工业出版社，2021.

[2] 《中国电力百科全书》编辑委员会.中国电力百科全书：第三版 综合卷[M].北京：中国电力出版社，2014：210.

[3] 中电联发布《中国电力行业年度发展报告2021》[EB/OL]. [2021-07-08]. https://www.cec.org.cn/detail/index.html?3-298413.

[4] 杨昆.电力工业为民族复兴提供不竭动力[EB/OL]. [2021-07-13]. https://www.cec.org.cn/detail/index.html?3-298587.

[5] 黄润秋.深入贯彻落实十九届五中全会精神 协同推进生态环境高水平保护和经济高质量发展[EB/OL]. [2021-02-01]. http://www.mee.gov.cn/xxgk2018/xxgk/xxgk15/202102/t20210201_819774.html.

[6] 《中国电力百科全书》编辑委员会.中国电力百科全书：第三版 综合卷[M].北京：中国电力出版社，2014：22-36.

[7] 中国电力企业联合会.改革开放四十年的中国电力：第一版[M].北京：中国电力出版社，2018：8-26.

[8] 中国电力企业联合会.电力行业"十四五"发展规划研究[R].2020.

[9] 全球能源互联网发展合作组织.中国2060年前碳中和研究报告（发布版）[R].2021.

[10] 王志轩，张建宁，潘荔，等.中国低碳电力发展政策回顾与展望——中国电力减排研究2020[M].北京：中国环境出版集团，2021：78-82.

[11] 王志轩.实现碳中和，要谨防"灰犀牛""黑天鹅"[EB/OL]. [2020-12-24]. https://3g.china.com/act/news/13000776/20201224/39109824.html.

[12] 王志轩，张建宇，潘荔，等.中国电力行业碳排放权交易市场进展研究[M].北京：中国电力出版社，2019.

[13] 张晶杰，等. 欧盟碳市场经验对中国碳市场建设的启示[J]. 价格理论与实践，2020（1）：32-36.

[14] 杨帆，张晶杰.碳达峰碳中和目标下我国电力行业低碳发展现状与展望[J].环境保护，2021，49（Z2）：9-14.

[15] UNFCCC. Race to zero campaign [EB/OL]. [2020-08-20]. https://unfccc.int/climate-action/race-to-zero-campaign.